变得更好的方法

HOW TO BE

Fine

[美] 乔兰塔 · 格林伯格（Jolenta Greenberg）
克莉丝汀 · 迈因策尔（Kristen Meinzer）著

中国青年出版社
CHINA YOUTH PRESS

图书在版编目（CIP）数据

变得更好的方法：按50本自助书实践后，我们学到了什么 /（美）乔兰塔·格林伯格，（美）克莉丝汀·迈因策尔著；李倩译.

—北京：中国青年出版社，2022.5

ISBN 978-7-5153-5676-1

Ⅰ.①变… Ⅱ.①乔… ②克… ③李…

Ⅲ.①成功心理－通俗读物 Ⅳ.①B848.4-49

中国版本图书馆 CIP 数据核字（2022）第029223号

变得更好的方法：按50本自助书实践后，我们学到了什么

作　　者：〔美〕乔兰塔·格林伯格　克莉丝汀·迈因策尔
译　　者：李　倩
责任编辑：肖　佳
文字编辑：魏森垚
美术编辑：张　艳
出　　版：中国青年出版社
发　　行：北京中青文文化传媒有限公司
电　　话：010-65511270 / 65516873
公司网址：www.cyb.com.cn
购书网址：zqwts.tmall.com
印　　刷：大厂回族自治县益利印刷有限公司
版　　次：2022年5月第1版
印　　次：2022年5月第1次印刷
开　　本：880 × 1230　1 / 32
字　　数：119千字
印　　张：6.75
京权图字：01-2020-1439
书　　号：ISBN 978-7-5153-5676-1
定　　价：49.00元

献给我们的听众及我们的丈夫

我不喜欢给人以忠告，

我喜欢给人以信息，

因为每个人的生活都与众不同，

每个人的旅程都与众不同。

——**多莉·帕顿**（DOLLY PARTON）

HOW TO BE Fine

目 录

HOW TO BE Fine

序 言

克莉丝汀

某天中午，我哭了，因为按照《法国女人不会胖》这本书的建议，我只能吃煮过的韭葱，喝煮韭葱的汤，但我却破例多吃了两片泡菜和一片生菜。在一周前，我按照《怦然心动的人生整理魔法》的建议，扔掉了自己的半数家当。在三周前，根据《秘密》的建议，我尝试用意念改善交通拥堵问题。

这就是我的生活，遵循各种心理自助书的建议生活两周，这些书涉及衣食住行、言行举止，以及如何与恋人相处。我把这一切都记录下来，制作成一档名为《循规蹈矩》（*By the Book*）的播客节目。

把我拉进这种生活的是我那聪明又搞笑的好友乔兰塔·格林伯格。作为喜剧演员、说书人、配音演员，乔兰塔非常热衷于自我提升。她沉迷于能量水晶，谈起轮穴[①]来津津有味，愿意相信自助书里的噱头。她之所以邀请我共同主持《循规蹈矩》，是因为我与她恰恰相反。

当初我觉得这件事很搞笑，我们会玩得很开心并做出一档娱乐节目。但没想到，这些书真的改变了我的生活，甚至改善了我的生活。若非《循规蹈矩》，我一直开玩笑说要完成的阿米什人[②]的言情小说或许永远不会动笔，我也不会去回顾过去的生活，或者鼓起勇气和丈夫探讨我们婚姻里的问题。

《循规蹈矩》起初只是一场古怪的实验，但随着节目的深入，它变得别有意义——不仅是对我俩而言。我们在脸书（Facebook）上的交流群里有超过一万五千人，大家来自五湖四海，每天从职场见闻聊到酗酒买醉的秘密。我们还参与了《纽约时报》（*The New York Times*）等媒体的现场直播，接受了美国国家公共电台（NPR）、英国广播公司（BBC）、加拿大广播公司（CBC），乃至新西兰广播电台（RNZ）的采访。《卫报》（*The Guardian*）、《华盛顿邮报》（*The Washington Post*）、《时代》（*Time*）、《半身像》杂志

① 轮穴（Chakras）出自梵文，指人体经脉系统中七个主要的能量汇集点，又名七轮，现被广泛应用于各类身心灵理论中。——译注

② 阿米什人类似于美国社会中的隐士，因为宗教信仰，一般拒绝使用现代科技。——译注

（*Bust*）、热报网（BuzzFeed）、独立连线网（IndieWire），以及堪萨斯州劳伦斯市的图书馆都对我们进行过报道。

然而，虽然我们做了众多活动、采访、节目和线上交流，但对于听众来说仍然不够。我们常常听到这样的建议：你们二位何不出一本心理自助书，讲讲你们读其他心理自助书的收获呢?

于是，有了这本书。我们无疑想借此满足我们的老听众，但也希望与那些从未听过我们节目的人交流，让他们了解三年来有条不紊地践行过50本心理自助书的两位女性，她们的生活如何随之变动和改善。

但请注意，我们的目标不是告诉你该如何生活。我们并非自助书专家，更不是心理学家或医生。老实说，你比我们更清楚如何才能变得更好。就像乔兰塔常说的那样，只有你才是自己的专家。

我们只是借此讲述我们的故事，谈谈什么对我们有用，什么没用。不管有多少价值，我们的故事里没有那些“让心灵充满力量”之类的鸡汤。鸡汤的确可以鼓舞人心，但很难付诸实践。

因此，我们只探讨那些我们实践过的书。如果你愿意，也可以试试书里的方法。但要是你看着我们以追求更好的生活为名变着花样地折磨自己，只想摇头大笑的话，我们也能够理解。

你有你的活法，我们有我们的。

HOW TO BE Fine

我为什么需要心理自助书

乔兰塔

五岁那年，愣头愣脑的我开始上幼儿园。按照惯例，小朋友会在开学第一天带一盒纸巾，以便在校期间随时擦鼻涕。我也不例外。

等到放学时，其他小朋友毫不犹豫地将纸巾留在了个人储物柜里，只有我费力地把纸巾盒硬塞进我那小小的亮粉色书包里，我妈和马歇尔老师在一旁看得一脸费解。

“你可以把纸巾留下，”马歇尔老师说，“不会弄丢的，它们会天天在这儿等你。”

“没门，”我暗想，“我才不会让我的东西留在一个陌生的地方过夜！”

我仍自顾自地收拾着，一边温和地答说“这样就好”，一边拉上书包拉链，然后扯了扯我妈的衣角，示意她可以回家了。

马歇尔老师和我妈笑眯眯地交换了一个眼神，她俩一致认为，等我准备好了，自然会把纸巾留在学校。

每天早上我都会掏出我的纸巾盒，爱惜地把它放在我的小储物柜里，到了下午又把纸巾盒揣回家过夜。妈妈和老师总笑呵呵地提醒我，可以试着把纸巾盒一直留在学校里。

两周后，我突然开窍了。在摸清了情况后，我终于决定相信这里的一切，并把纸巾留在学校。

我妈最爱跟人讲这个故事，因为它完美地概括了我的特质——总比别人慢半拍。不论是把纸巾留在学校，还是我的初吻、初恋、第一份“正式”工作……全都落后于人。

三十多年来，我的生活始终比别人滞后两周，这就是为什么我会沉迷于心理自助。十几岁时，我发现市面上有各式各样的生活指南！我想如果我能把它们全部看完，并一一照做，那么我就能追上其他人的节奏。

但真正踏上了自我提升之路是在我成年后。当时，我有机会进入一家电台的新闻编辑室实习，负责审阅所有寄来参与节目的图书。我们收到了许多心理自助书，除了我以外没人想要。

我翻开一本本崭新的心理自助书，里面无不充斥着一大堆美丽的承诺——幸福、高效、成功——全都是我求之不得的。几乎每一本书都在说，“来吧，乔兰塔，我会治好你的。你不想永远都落后两周吧？！”

不！我不想。于是我拿走了所有的书，给我的朋友兼同事克莉丝汀打去电话，告诉她我们要开展一个项目——严格按照这些心理自助书的建议生活。

克莉丝汀与我全然不同，她是那种能完全驾驭生活的人。当你需要一个“成年人”为你出谋划策时，就会想到她这个朋友。无论你是想请个房地产律师，还是不知该如何应对远亲，克莉丝汀总能提供有效的建议。她不像我需要自我矫正，这也是为什么我会选择和她一起。而且她执行力很强，可以监督我完成这个项目。另外，她从不追赶别人的步伐，是个绝佳的参照系。如果这些书能同时改善我们两人的生活，足以证明它们确实有效。

这就是我们的播客《循规蹈矩》诞生的始末。时机、友情以及我永远比别人慢两周的老毛病，这些因素共同创造了一个实验——按照每本书的建议生活两周。

HOW TO BE Fine

我为什么质疑心理自助书

克莉丝汀

乔兰塔曾说我是世界上最不需要读心理自助书的人。我天性乐观，大多数时候活得很快乐，而且很少感到焦虑或自我否定。

最重要的是，乔兰塔认为我在成年人的世界里活得游刃有余。从高中起开始打工，自己赚钱付清了大学学费，有养老保险、私人会计和房地产律师，生病了可以随时去看医生，日用品永远在用完前即时补齐。

但我并不像乔兰塔说的那样足以成为其他人的榜样。我的文件堆得到处都是，我很少自己打扫卫生或下厨，这些全部由我亲爱的丈夫迪恩打理。

这些年来，我也遇到过不少问题。我前后一共念过七所学校，很多时候我都是班里唯一的有色人种。我曾遭到父亲和继母的虐待，在十二岁时，他们被剥夺了见我的权利。我从小学开始与饮食失调作斗争，一直到二十多岁。念大学时，我交往的那些对象辱骂我，偷我的钱，不愿和我一起出现在公共场合。工作时，我被上司性骚扰过。还有，母亲和外婆相继在我怀里去世。

尽管如此，我仍然觉得自己很幸运。很多人和我有着相同的经历，甚至比我更为凄惨，但他们却没有朋友陪在身边，无法以更好的心态来应对创伤。甚至有些人的身体有这样或那样的缺陷，还有很多人无法寻求或者负担不起专业的心理治疗。

其实，我也曾经历低谷。这很正常，生活本就有起有落。有时我们一觉醒来精神百倍，但一转身又开始烦躁不安。有时，我们内心深处始终留有不满。

我猜这就是为什么市面上有这么多心理自助书。如果人们一直心满意足，心理自助书也就没有存在的必要了。

话虽如此，但我始终对心理自助书持怀疑态度。许多心理自助书似乎热衷于利用读者的焦虑，在封面上大肆承诺一些不可能兑现的事。（“这是改变你人生的唯一方法！”“明年暴富的最佳途径！”“哄孩子睡觉，唯有这招最见效！”）

当然，这就是为何我和乔兰塔很互补。她对心理自助书抱有期待，我则充满怀疑，每一个她愿意相信的承诺，都是我想要戳穿的幌子。

而且我念大学时，一直在做艺术和娱乐评论。随后又在高校办公室里工作过好几年，主要职责是分析和评论媒体的传播行为。就在我参与制作《循规蹈矩》前不久，我主持了六年的一档影评播客节目刚落下帷幕。

不过有一点得说清楚，乔兰塔和我遵照心理自助书生活时，我很难置身事外去扮演一个评论家。这场游戏进行至今，我掉的眼泪一点儿不比她少，收获的远比我预想的多。当然，我也很乐意公开我的私生活，接受大家的批评。

我以前在节目里聊过，在这个过程中有时我对心理自助书的质疑的确得到了证实，有时我则切实感到生活有所改善。这种改善部分是因为随着节目的深入，我和乔兰塔的友谊也越发深厚，我非常感激她。还有部分是因为我的经历，也许真能帮到一些人。最后，我不得不承认，还有些许改善靠的就是这些“可笑”的心理自助书。

好了，自我介绍就到这儿吧。下面让我们一起来看看这些书是如何改变并改善了我与乔兰塔的生活的。

HOW TO BE

Fine

我们体验过的50本心理自助书

（按先后顺序）

- 《秘密》朗达·拜恩

  The Secret by Rhonda Byrne

- 《怦然心动的人生整理魔法》近藤麻理惠

  The Life-Changing Magic of Tidying Up: The Japanese Art of Decluttering and Organizing by Marie Kondo

- 《法国女人不会胖》米雷耶·吉利亚诺

  French Women Don't Get Fat: The Secret of Eating for Pleasure by Mireille Guiliano

- 《最强大脑之脑力激荡术：神奇的脑力激荡术》哈里·洛拉尼、杰瑞·卢卡斯

  The Memory Book: The Classic Guide to Improving Your Memory at Work, at School, and at Play by Harry Lorayne and Jerry Lucas

- 《细胞记忆：揭开前世今生超联结·业障病·细胞灵魂印记的惊人秘密》苏菲亚·布朗

  Past Lives, Future Healing: A Psychic Reveals the Secrets to Good Health and Great Relationships by Sylvia Browne

- 《全美最节约的家庭教你省钱：活得更好，花得更少，实现梦想的人生指南》史蒂

夫·伊科诺米季斯、安妮特·伊科诺米季斯

America's Cheapest Family Gets You Right on the Money: Your Guide to Living Better, Spending Less, and Cashing in on Your Dreams by Steve Economides and Annette Economides

- 《男人来自火星，女人来自金星》约翰·格雷

  Men Are from Mars, Women Are from Venus: The Classic Guide to Understanding the Opposite Sex by John Gray

- 《伯爵夫人的人生课：如何优雅地生活》卢安·德·莱瑟普斯

  Class with the Countess: How to Live with Elegance and Flair by LuAnn de Lesseps

- 《如何用7至14天写一本长销不衰的电子书》达伦·阿克斯

  How to Write an Ebook in Less Than 7–14 Days That Will Make You Money Forever by Darren Ackers

- 《越无聊，越开窍：无所事事更能释放你的创意与效率》玛诺什·佐摩罗迪

  Bored and Brilliant: How Spacing Out Can Unlock Your Most Productive and Creative Self by Manoush Zomorodi

- 《丹麦人为什么幸福》迈克·维金

  The Little Book of Hygge: Danish Secrets to Happy Living by Meik Wiking

- 《好人会有好报吗》史蒂芬·波斯特、吉尔·奈马克

  Why Good Things Happen to Good People: How to Live a Longer, Healthier, Happier Life by the Simple Act of Giving by Stephen G. Post and Jill Neimark

- 《早起的奇迹：那些能够在早晨8:00前改变人生的秘密》哈尔·埃尔罗德

  The Miracle Morning: The Not-So-Obvious Secret Guaranteed to Transform Your Life (Before 8AM) by Hal Elrod

- 《练习与自己对话》沙德·黑姆施泰特

  What to Say When You Talk to Your Self by Shad Helmstetter

- 《爱的五种语言：创造完美的两性沟通》盖瑞·查普曼

  The 5 Love Languages: The Secret to Love That Lasts by Gary Chapman

- 《野性未知塔罗牌及指南》金·克兰斯

  The Wild Unknown Tarot Deck and Guidebook by Kim Krans

- 《重塑幸福：如何活成你想要的模样》马克·曼森

  *The Subtle Art of Not Giving a F*ck: A Counterintuitive Approach to Living a Good Life* by Mark Manson

- 《你骨子里是个牛人》珍·新赛罗

  You Are a Badass: How to Stop Doubting Your Greatness and Start Living an Awesome Life by Jen Sincero

- 《烦躁怀疑论者的冥想：再多快乐10%的指南书》丹·哈里斯、杰夫·沃伦和卡莉·阿德勒

  Meditation for Fidgety Skeptics: A 10% Happier How-To Book by Dan Harris and Jeff Warren, with Carlye Adler

- 《我家没垃圾：一个加州妈妈的零废弃生活革命，重新找回更健康、富足、美好的人生》贝亚·强森

  Zero Waste Home: The Ultimate Guide to Simplifying Your Life by Reducing Your Waste by Bea Johnson

- 《高能量姿势：肢体语言打造个人影响力》埃米·卡迪

  Presence: Bringing Your Boldest Self to Your Biggest Challenges by Amy Cuddy

- 《自然疗法：为什么大自然让我们更快乐、更健康、更具创造力？》弗洛伦斯·威

廉姆斯

The Nature Fix: Why Nature Makes Us Happier, Healthier, and More Creative by Florence Williams

- 《女性反抗指南：为正义而战的女权手册》艾玛·格雷

  A Girl's Guide to Joining the Resistance: A Feminist Handbook on Fighting for Good by Emma Gray

- 《每周工作4小时》蒂莫西·费里斯

  The 4-Hour Workweek: Escape 9–5, Live Anywhere, and Join the New Rich by Timothy Ferriss

- 《极简衣橱整理术》安努什卡·里斯

  The Curated Closet: A Simple System for Discovering Your Personal Style and Building Your Dream Wardrobe by Anuschka Rees

- "学会道歉" 加州大学伯克利分校至善科学中心

  "How to Apologize" by the Greater Good Science Center at UC Berkeley

- 《女孩，洗把脸吧：别再相信束缚你的谎言，才能成为理想的自己》瑞秋·霍利斯

  Girl, Wash Your Face: Stop Believing the Lies About Who You Are So You Can Become Who You Were Meant to Be by Rachel Hollis

- 《365个谢谢你：每一份感谢，都是强大的幸福吸引力》约翰·奎力克

  A Simple Act of Gratitude: How Learning to Say Thank You Changed My Life by John Kralik

- 《试着说是》珊达·莱梅斯

  Year of Yes: How to Dance It Out, Stand in the Sun and Be Your Own Person by Shonda Rhimes

- 《选3哲学：聚焦3件事，解决工作生活两难，搞定你的超载人生》兰迪·扎克伯格

Pick Three: You Can Have It All (Just Not Every Day) by Randi Zuckerberg

- 《穿着内裤喝一杯：芬兰人的放松之道》米斯卡・兰塔宁

  Pantsdrunk (Kalsarikänni): The Finnish Path to Relaxation by Miska Rantanen

- 《去当你想当的任何人吧：寻找自我的魔法》伊丽莎白・吉尔伯特

  Big Magic: Creative Living Beyond Fear by Elizabeth Gilbert

- 《通往幸福与成功的占星术：从白羊座到双鱼座，按照自己的星座活出想要的人生！》梅卡・伍兹

  Astrology for Happiness and Success: From Aries to Pisces, Create the Life You Want—Based on Your Astrological Sign! by Mecca Woods

- 《四个约定：托尔特克的智慧书》堂・米格尔・路易兹

  The Four Agreements: A Practical Guide to Personal Freedom by Don Miguel Ruiz

- 《九步达到财务自由》苏茜・欧曼

  The 9 Steps to Financial Freedom: Practical and Spiritual Steps So You Can Stop Worrying by Suze Orman

- 《别为你的身体道歉：终极的自爱之力》索尼娅・蕾妮・泰勒

  The Body Is Not an Apology: The Power of Radical Self-Love by Sonya Renee Taylor

- 《怨恨之道：从不满到知足，用怨恨改变生活》苏菲・汉娜

  How to Hold a Grudge: From Resentment to Contentment—the Power of Grudges to Transform Your Life by Sophie Hannah

- 《愈睡愈成功：挥别疲惫的生活，从充足睡眠开启自信人生》雅莉安娜・赫芬顿

  The Sleep Revolution: Transforming Your Life, One Night at a Time by

Arianna Huffington

- 《搞定：无压工作的艺术》戴维・艾伦

  Getting Things Done: The Art of Stress-Free Productivity by David Allen

- 《烂俗升级：烂俗女孩养成手册》史黛西・施罗德

  Next Level Basic: The Definitive Basic Bitch Handbook by Stassi Schroeder

- 《善终的艺术：生命终结的实用指南》凯蒂・巴特勒

  The Art of Dying Well: A Practical Guide to a Good End of Life by Katy Butler

- 《开一个播客吧：用你的声音，讲你的故事，造一个乐于聆听你的世界》克莉丝汀・迈因策尔

  So You Want to Start a Podcast: Finding Your Voice, Telling Your Story, and Building a Community That Will Listen by Kristen Meinzer

- 《人性的弱点：如何赢取友谊与影响他人》戴尔・卡耐基

  How to Win Friends and Influence People by Dale Carnegie

- 《做一个真实的人》哈利・爱默森・弗斯狄克

  On Being a Real Person by Harry Emerson Fosdick

- 《积极思考的力量》诺曼・文森特・皮尔

  The Power of Positive Thinking by Norman Vincent Peale

- 《菲利斯・迪勒的家务妙招》菲利斯・迪勒

  Phyllis Diller's Housekeeping Hints by Phyllis Diller

- 《性爱圣经》亚历克斯・康福特

  The Joy of Sex: A Gourmet Guide to Love Making by Alex Comfort

- 《愤怒之舞：亲密关系中情绪表达的艺术》哈丽特・勒纳

  The Dance of Anger: A Woman's Guide to Changing the Patterns of Intimate Relationships by Harriet Lerner

- 《谁动了我的奶酪？》斯宾塞·约翰逊
  Who Moved My Cheese?: An A-Mazing Way to Deal with Change in Your Work and in Your Life by Spencer Johnson
- 《脆弱的力量》布琳·布朗
  The Gifts of Imperfection: Let Go of Who You Think You're Supposed to Be and Embrace Who You Are by Brené Brown

HOW TO BE Fine

第一部分

13件有益的事

行善 | 克莉丝汀

有件事得提前说明，否则会显得我太虚伪——我喜欢与人为善。我喜欢赞美朋友和陌生人，喜欢每天早上对着满满一办公室的同事大喊“早上好”，也喜欢在地铁上给有需要的人让座。

所以，选择《好人会有好报吗》自然是我的主意。这本书介绍了变得幸福和善良的十个步骤，由史蒂芬·波斯特和吉尔·奈马克合著而成。

不过乔兰塔很讨厌这本书。她觉得这本书既俗气又没新意，而且充满偏见。我同意这本书的确有它的不足。但我们遵照这本书生活时，就连乔兰塔也承认她尝到了“生而为人的快乐”。有如此功效的不止这一本，艾玛·格雷的《女性反抗指南》和贝亚·强森的《我家没垃圾》也能产生类似的效果。

事实上，每每有书鼓励我们多做有利于他人的善事，受益的反倒是我俩。不仅是因为做个好人让我们能以正人君子自居，或赢得陌生人的赞赏，而且行善本身就能让人身心舒畅。

我们在丈夫、朋友和同事等身边人的身上验证了这一点。例如，在按照《好人会有好报吗》生活的两周，我升入了管理层。回想这些年来，每有新经理到任，他们做的第一件事就是接管工作，从不向老员工请教或询问他们的需要。但我不想也这样，所以走马上任之初，我与团队里的每一个人进行了一对一的聊天，询问他们哪些地方值得关注，哪些地方仍有不足，对现状有什么看法。

我虽然无法解决部门里的所有问题，但在倾听的过程中加深了我和团队的联系。

乔兰塔也同意与人为善有利于加深人与人之间的联结。譬如，在日行一善的过程中，乔兰塔注意到许多女性一边抬着婴儿车（孩子还在车里），一边上下纽约地铁站的楼梯，这种行为很危险，所以每次看到她都会施以援手。

乔兰塔此前并非没有留意到这些情况，也帮助过她们。但区别在于，之前她并非有意，也不是每天坚持行善。而当她开始有意为之时，她则明确地感受到了“利他”的快乐。

我们还发现行善有助于我们鼓起勇气面对过去的创伤。在遵照《好人会有好报吗》生活期间，我和乔兰塔决定说出我们经历过的性骚扰，以此帮助更多的受害者。她用一段单人喜剧调侃了以前纠缠过她的上司。我主动联系了前公司的总裁，举报某栏目主持人曾对我进行过性骚扰。

与此同时，一位名叫金素姬（Suki Kim）的调查记者找到了我们，邀请我们分享我们的被性骚扰的经历。最终她的报道登上了国际头条，并成为2017年MeToo运动[①]中的一桩核心事件。我们这种或许可以称之为正直、善良、勇敢或是别的什么的行为，也以远超自身的影响力的方式帮到了更多人。

但不论是受到国际关注还是默默做善事，我们都切实感受到了多做善事使我们更快乐。譬如，情绪低落时，帮陌生人提东西或铲除车上的积雪，都能令我振作起来。状态不佳时，赞美朋友和陌生人也能让我一扫阴霾。被人误解时，用善意和幽默搭起沟通的桥梁，有助于缓解紧张的关系。

于我而言，每天醒来时思考“今天我能为别人做些什么，让他们生活得好一点”，而后身体力行地帮助一人、两人、五人、十人……而在此过程中，生活得到最大改善的人，其实是我。

利他是种乐趣，再怎么强调都不为过。你只要观察一下孩子们的嬉戏就会明白，他们轮流玩一个玩具，相互推秋千，公平地玩耍。看他们玩得不亦乐乎，谁又不愿与人为善呢？这比与人交恶快乐多了。

---

① MeToo是一场在美国率先发起的女性反性骚扰运动。该运动呼吁所有曾遭到侵犯的女性说出自己的经历，以此唤起社会关注。——译注

积极的自我对话 | 乔兰塔

有句话我说过很多次，在此再重申一遍：如果你患有社交恐惧症，那么你就会吃很多不想吃的东西，喝很多不想喝的玩意。一想到可能冒犯他人、被人拒绝，你就感到焦虑，所以与其把不喜欢的食物退回去，你宁愿忍气吞声地默默吃掉。我在公婆家吃饭就是如此，如果遇上会引起过敏的菜，我会悄悄挑出来放在一边，然后伺机把我不能吃的菜放到丈夫盘子里，以此蒙混过关。如果我在酒吧点了一杯玛格丽特，端上来的却是金汤力，虽然不喜欢，但我还是会喝掉（无意冒犯金酒爱好者，原谅我对这酒确实有不好的回忆）。

因为患有社交恐惧，我的大脑无时无刻不被顾虑、担忧和极度恐惧所困扰，我总想着别人会如何看我。比如，“如果我的公婆看见我挑食，他们可能会觉得我不懂礼貌、娇生惯养，不再喜欢我，甚至会劝我的丈夫也不再爱我。”换个场景我的大脑仍会冒出同样的声音：“不要把酒退回去，酒保才懒得管你讨不讨厌金酒。别给她添麻烦了，她今晚忙得够呛，你的抱怨只会让她难上加难，女人何苦为难女人！”

我走到哪儿，脑海中总会响起诸如此类的声音。仿佛大脑里住着一个非常刻薄的朋友，总在说：“你真是烂泥扶不上墙”“她觉得你傻透了”“他觉得你长得丑”“你来参加派对扫了大家的兴了”“大家都受不了你”等等。我一度以为无法让这些声音消失，但沙德·黑姆施泰特在《练习与自己对话》中说：我们可以重新训练心中那个刻薄的声音，让它学着说些好话。他将这种内心谴责，称为消极的自我对话。

我们的自我对话之所以越来越消极，是因为我们从出生起就一直被各种信息轰炸。这些信息来自我们的父母、同辈、老师、社交媒体、电视乃至整个社会，他（它）们不停地告诉我们能做什么、不能做什么，并最终塑造了我们。

我们在生活中不断收集他人的眼光、价值观和评判，并将这些声音视为真理——因为我们起初只是一群想融入这个世界的小孩，除了接受别无他法。然而这些外在观点都如同粘在我们脸上的一副有色眼镜。日积月累，我们已戴上各种各样的有色眼镜，每一副都是一套全然不同的生活准则。一种颜色告诉我们如何分辨聪明人和傻瓜蛋，另一种颜色教我们应该拥有什么样的身材，还有一种颜色总在提醒我们，要时刻为不小心挤到了别人而道歉……诸如此类，不胜枚举。

因为接受了太多这样的观点，我们那张灿烂的笑脸上贴满了千百副有色眼镜，层层叠叠的色彩最终融成一副黑得透不进光的眼罩，我们看不到真实的自己，只看到一堆我们一直渴望改变的缺点，这就是消极的自我对话。

以下是我经常重复的消极的自我对话：

- 你的身材不好，吸引不了男人；而你需要男人的认可，才能在这个世界上成功
- 你太消极了
- 你的棕色卷发不好看
- 你长得太“犹太”了
- 你太高了，没人喜欢，男人只想和精致、柔弱、有女人味的女人在一起
- 你太情绪化了，不理智，别人会觉得你疯疯癫癫的，很烦人
- 你的数学很烂

我常以为以上这些是事实，但只是别人强加于我的偏见罢了。我可以逐一说出这些讨人厌的观点都是从哪儿听来的。

- “你的身材不好，吸引不了男人；而你需要男人的认可，才能在这个世界上成功”（我高中那个体育老师）

- “你太消极了”（我的丈夫，我们刚开始交往的那会儿他说的）
- “你的棕色卷发不好看”（念三年级时，我们的课间看护老师有天夸赞朋友的金色直发是“最可爱的”）
- “你长得太‘犹太’了”（我家非犹太裔的亲戚）
- “你太高了，没人喜欢，男人只想和精致、柔弱、有女人味的女人在一起”（刚刚搬到纽约时，一个与我约过会的家伙，他自称支持女权，却只愿和那些从不质疑他的女人认真交往）
- “你太情绪化了，不理智，别人会觉得你疯疯癫癫的，很烦人”（我妈，她自己情绪上来时，也会对自己说同样的话）
- “你的数学很烂”（我刚上初中时，那个随便把我分去数学慢班的老师，另，我们年级的绝大多数女生都在父母毫不知情的情况下，被分到了这个班）

遵照《练习与自己对话》生活，我发现，我们听到的消极信息（譬如不要高声说话、你不能进去等等）远多于积极信息，而且它们往往更具体。很多时候我们的确需要这样的信息。要不是有人教育我“不要触碰插座”“不要冲插队的司机竖中指”，我可能都活不到今天。所以，我很庆幸这些约束性信息深深扎根于我的脑海中，保障我的安全。

不过，我们的信息存储系统也有漏洞，并非所有的消极信息都能用于自保，有些不过是愚蠢的观念罢了，却一样被储存于大脑中。于是像“你的头发太卷了，不好看”或是“男孩子不能玩这种粉红色的玩具”之类的话，就变得与那些能救命的规则一样举足轻重。

随着年龄的增长，我接收并固守着的告诫性规则也越来越多。它们控制着我的生活，让我守时，让我不要横穿马路，甚至会提醒我做爱后去小便，以免尿路感染。但它们也会用那些充满羞耻、偏见和误解的愚蠢规则来折磨我，就像我在前面几段列出的那些事，看起来像是必须遵守的规则，但它们根本不是规则，只是我说给自己听的负面评价。

那么，我们该如何友善地与自己对话呢？如何梳理生活中学到的规则，剔除那些没有用的？如何与内心的声音友好相处，从而享受生活呢？

黑姆施泰特认为，我们的思维模式是可以转变的，我们可以用全新的、积极的信息来消除所有消极的自我对话。当遵照《练习与自己对话》生活时，我和克莉丝汀也尝试了转变观念，让想法更加积极。

这对克莉丝汀来说很轻松，早在很久以前她就开始有意识地与自己进行良性沟通。但她并非生来如此，最开始她和许多正在发育期的女孩一样，一直对自己的身体变化感到恐惧，同时在心里和口头上不断贬低自己。但随着年纪增长和自身努力，她慢慢学着表扬自己并接受他人的赞美，并做到了对这些赞美深信不疑。

我则恰恰相反，在遵照《练习与自己对话》生活以前，我从未注意过我的自我对话。但留意了一整天后，我非常难过地发现我的自我对话显然有问题——整整24小时，我没对自己说过一句好话。如果有谁用这种方式和我说话，我一定会和他绝交。

于是我按照书中提到的方法练习，在洗澡时大声地和自己亲切对话，在日记里一遍又一遍地表扬自己，并收听充满正能量的播客节目。不过，我始终觉得一边洗澡一边鼓励自己实在太蠢了，被丈夫撞见我在做饭时收听正能量节目也尴尬至极。每次赞美自己时，我都觉得自己像个可笑的骗子。

练习的过程中，我不确定这些方法是否有效。强迫自己进行积极的自我对话感觉很别扭，我担心自己无可救药或者操之过急，导致书中的建议发挥不了作用。但随后发生了一件令人惊讶的事。在结束“练习与自己对话”当晚，我去了布鲁克林的一家酒吧为朋友庆生。聚会上，我拿到了一杯一点儿气泡也没有的普罗塞克[①]。按照以往的方式，我会默默喝下它，但那天晚上，我没有想太多，而是

① 普罗塞克（prosecco），一种意大利产的起泡葡萄酒。——译注

从容地走到吧台前，用一种前所未有的自信让酒保给我换了一杯有气泡的。

不论我是否能直观地感觉到练习的效果，这两周强迫自己进行积极的自我对话，无疑给了我一些自信，让我有勇气去做曾经碍于社交焦虑而不敢做的事。所以我认为这是个如起泡酒般美好的开始。

亲爱的克莉丝汀与乔兰塔：

我在试着练习积极的自我对话，但每次这么做时，都感觉像在骗自己。说些连自己都不信的溢美之词，究竟有什么意义？

——SH

亲爱的SH：

请相信，我们对你的苦恼感同身受。一如乔兰塔方才所言，她以前也不相信那些话。但她坚持了下来，并感受到了积极的自我对话所带来的改变。遵照《练习与自己对话》生活以前，她甚至不敢退回一杯没有气泡的普罗塞克。而现在，她做到了。

关键在于，即便她不相信，那些赞美也能潜移默化地发挥作用。只需要让那些声音包围她，就像电视里的广告、收音机里的歌声以及现代社会里那些试图定义我们的声音，总在不经意间就改变了我们。

就我而言，因为我想要善待他人，所以得先善待自己。和许多美国小女孩一样，小时候每每有人夸我长得漂亮，我都会习惯性地回答“不，我皮肤不好”或是“这条连衣裙太紧了，让我看起来像根香肠”。

有一次，一位我很佩服的人对我说：“别人称赞你时，坦率地答声‘谢谢’好吗？每次你否认别人的赞美，也等于说对方毫无眼力。”另一位朋友更是一针见血：“每次你否认别人的赞美，听起来就像是要别人变着法儿地再多赞美你一点。”

他们说得我十分难堪。我的反应真的有那么让人反感吗？我不是故意的，我只是实话实说，我真的经常觉得自己像个怪物。

为了不再让夸我的人难堪，我开始礼貌地接受赞美。渐渐地，那些赞美被内化。这也让我意识到，我从未赞美过自己。在我的自我对话里，一开始我就像不知道如何与人交流似的，一味地将自己贬低为这个星球上最坏、最丑、最没用的人。但好在我已经被治愈了，感谢身边的好友让我认识到自己可以变得更好。

我的体悟：一开始我也觉得接受赞美像在骗自己，但为了能不冒犯到别人，我坚持了下去，并逐渐发现原来我一直在把谎言当成事实来贬低自己。不过现在，我终于能看清什么才是真正的谎言。

——克莉丝汀

练习感恩 | 克莉丝汀

我和乔兰塔体验过的心理自助书中，至少有10%都要我们学会感恩，但感恩的方式和理由却千差万别。

比如，朗达·拜恩的《秘密》中的感恩只是过上理想生活的其中一步（除此之外还要制作愿望板，想象我们的未来，甚至直接告诉宇宙我们的所求）。这种感恩仿佛在说："我懂得感激我所拥有的一切，所以我应该得到更多。"我个人觉得这种感恩太过功利，令人作呕。

别的书对待感恩的态度则大不相同。例如，近藤麻理惠的《怦然心动的人生整理魔法》建议，我们向家中每一件为我们提供服务的日用品表达感激之情。即便是一件会把家里搞得乱糟糟的东西，扔掉它们之前，我们也可以这样说："物理书，谢谢你陪我度过了大学的最后一个学期，但现在你该去寻找下一个需要你的人了。"又或者是一时冲动买下却从未使用过的东西，我们会说："谢谢你，独角兽迷你裙，买下你真的非常快乐。第一眼看到你时，我心动不已，但现在你该去找一个会真正把你穿出门的人了。”

除了感谢准备丢弃的物品，《怦然心动的人生整理魔法》还建议我们感谢那些被留下的东西。例如，每晚回到家后清空你的手提包，让它好好休息一下，感谢它的付出。不过我不喜欢清空我的手提包，这会害我每天一早一晚多进行一道浪费时间的工序，但我喜欢向我的包、我的衣服、我的床、我的公寓，以及所有帮助我的日用品表示感谢。我喜欢下班回家，踢掉鞋子，对它说：“鞋子，谢谢你带着我在城市里穿梭”，我喜欢晚上摘掉眼镜时说，“谢谢你让我更清楚地看见了这个世界的美”。

但我最喜欢的感恩方式源自约翰·奎力克的《365个谢谢你》。这本书讲的是奎力克计划在一年内写365封感谢信，他这样做的初衷是为了让自己不那么绝望，最开始他相当怀疑人生是否还值得走下去。但随着他写下的一封封感谢信，也一点点地细数了自己的幸福。与此同时，每天坐下来动笔写作，有助于训练他的大脑多关注生活的积极的一面。

而奎力克所做的不仅仅是写信，他还养成了一个习惯，当别人问他过得如何时，多去感谢生活，而非抱怨。情绪低落时他会玩“快乐游戏”，这是在给女儿读埃莉诺·波特（Eleanor H. Porter）的经典童书《波利安娜》（*Pollyanna*）时学到的。在“快乐游戏”中，玩家要列出所有开心的事——这么做不是为了否认痛苦，而是为了鼓起勇气面对生活的挑战。

我十分喜欢奎力克的建议。在按照这本书生活期间，我遭受了两次重创，一次是我所在的分公司倒闭了，我既担心我的下属，也担心自己。另一次是我生病了，需要动手术。

但写感谢信让我好受了许多。我给团队中每一个被解雇的人都写了一封，感谢他们辛勤地工作和带给我的快乐。我写给我的医生，感谢他们的照顾和救治。我甚至给那个决定砍掉我们部门的老板也写了一封，感谢他多年来给予我的各种机遇。

这些感谢信让我意识到自己有多幸运——不仅得到了良好的医疗救助和工作机会，还有幸结识这些在我生命中曾给予我支持的人。如果我不得不独自面对所有烦恼，那我的人生将变得何等可怕？写感谢信让我认识到我并不孤单，而且很可能永远不会孤单。

还有一点不得不提，练习感恩是很有趣的，远比抱怨生活中的不如意，或是一味羡慕他人要快乐得多。看鸟儿飞过，感谢我们生活在一个生机勃勃的世界，亲口告诉丈夫，我由衷地感激他为我所做的一切。这些快乐很纯粹，也很真实。回过头来再看看近藤麻理惠的建议，当我感谢我的眼镜和鞋子为我所做的付出时，整个世界都变得更迷人了。

不过在结束本章前，我们必须聊一聊乔兰塔的感恩练习。她很享受《秘密》的感恩方式，也盛赞《怦然心动的人生整理魔法》，但奎力克的书让她五味杂陈。日日练习感恩，不仅让她意识到了她应该感激的一切，更让她反思自己曾经认为很多事都是理所应当的。这些感受杂糅在一起，她不禁开始思考："我是怎么了？为什么我没有对所拥有的一切心怀感激？这本书让我觉得自己像个坏人。"

她对《365个谢谢你》做出的另一大批评是，书中没怎么讲到报答的问题。乔兰塔认为，感恩意味着你是受益者，既然受惠于他人，难道不该报答吗？虽然奎力克在他的感恩实验结束后，为慈善事业筹集了数千美元，并身体力行地帮助他的下属和家人，但不必要求所有读者都和他一样。

虽说如此，乔兰塔最终还是勉强承认《365个谢谢你》让她更快乐了。多亏了写感谢信的建议，乔兰塔与那些有阵子没联系的人又有了来往（譬如她的奶奶）。感恩的确可以加深人与人之间的交流与联系。乔兰塔和她的丈夫布拉德玩"快乐游戏"时，两人之间的氛围明显从沮丧变作幽默再到温情脉脉。

总之，即便是像乔兰塔这样对感恩心存疑虑的人，也觉得生活因为多了一点感恩而有所改善。至于我这种主张感恩的人，每天都心怀感恩能让原本艰难的日子变得好过一些。为此，我也很是感激。

亲爱的克莉丝汀与乔兰塔：

你们在自己的节目和其他公共活动中的表现，都证明了你俩是不折不扣的行动派。但你们是如何做到一面心怀感激，一面积极行动的呢？一味地关注值得感恩的事情，难道不意味着你们会对气候变化、种族歧视以及其他你们正与之抗争的问题视而不见吗？这世上有太多事根本不值得感激！

——NG

亲爱的NG：

我不相信感恩会让我对世间的丑恶视而不见。相反，我认为感恩让我看清了我为之奋斗的东西。我感激天空中飞翔的鸟儿，它们是我想保护的一部分。我感激我所获得的医疗保障及教育资源，但并非只为我一人感激它们，我还想为其他人——不论种族、经济条件、性别和性取向——争取到和我一样的资源。

与此同时，感恩也让我摆脱了绝望。如果我每时每刻都在抱怨世界的不公，我想我最终连起床的力气都没有，又谈何抗争呢？

而且感恩能帮我们维系与他人的关系——不仅是我们身边的人，还有那些为正义而战的人。没有人喜欢孤军奋战，让别人知道我们感激他们，感激他们所做的贡献，是我们能做的最基本的事。

所以，没错，我既可以心存感激，又是个行动者。事实上，我认为两者相辅相成，缺一不可。

——克莉丝汀

待人如人所愿，不要以己度人 | 乔兰塔

我的老公名叫布拉德，在我们刚开始交往的时候，发生了一场让我困惑的争吵。

那天布拉德带我去他公寓附近的一家小餐馆吃早午餐。那儿食物可口、气氛温馨，我美美地饱餐了一顿。为了展现我喜欢这里，我吃完了一整盘墨西哥煎蛋，而且付了账，然后和他手牵手走回家。

然而，就在回公寓的路上，布拉德突然开始生气。

“你为什么不喜欢吃早午餐？”他抱怨道。

“我很爱吃早午餐啊，你怎么这么说？”我反驳他。

“你明明就不怎么高兴。”说着甩开我的手，双手抱在胸前，一副很生气的样子。

这话伤到我了。他到底在胡说什么？我怎么不高兴了？他还想要我怎样？难道要我激动得上蹿下跳，向他这位找到完美餐厅的英雄致敬吗？我是不是该给他颁个奖？还是他希望我向男权社会低

头，变成那种连男人选家餐厅都要奉承两句的女人？去他的吧！

于是我“友善”地回答：“你疯了吧，兄弟，我不知道你想要我怎样。我很喜欢那份煎蛋，但不至于为此给你开个庆功会。”

最后这句话终止了这场争吵，我们一言不发地走回他家。这场争吵很快就翻页了，回家后他的室友正在看电影，我们也没再继续吵下去。但我不时仍会回想起这场早午餐之争，感到又生气又困惑，这究竟是怎么一回事？

时间快进到几年后，录制《循规蹈矩》第二季时，我和克莉丝汀读过的一本书终于揭开了真相。

那本书是盖瑞·查普曼的《爱的五种语言》。查普曼在书中阐述了五种方式可以表达爱和感受爱。这些方式即是“爱的语言”，包括收受礼物、共度时光、语言肯定、服务行为和身体接触。

查普曼认为每个人都会拥有两种爱的语言，一种是主要的，一种是次要的，这是每个人最易于感受到爱的方式。比如，喜欢身体接触的人，可能会通过按摩足底的方式说爱你；喜欢服务行为的人，可能在你清理洗碗机时感受到你的爱。所以，一旦你理解了对方的爱的语言，就会知道用哪种方式更容易让对方感受到你的爱。而感受彼此的爱意则能促进交流，促成更幸福的关系。

我和克莉丝汀读了那本书后，我明白了布拉德和我有着截然不同的爱的语言。他看重的是共度时光和语言肯定，而我则看重服务行为和身体接触。我想用付账这样的服务行为和牵手这样的身体接触，表达我对他的感激之情。但由于这不是他的爱的语言，他没有感受到我的感激和爱。他希望我能用言语表达我的爱与感激，因为这是他擅长的爱的语言。

当实践《爱的五种语言》的方法时，克莉丝汀和我都出乎意料地对我们各自的配偶有了更深的了解。

克莉丝汀发现，她的丈夫迪恩总不由自主地对她“动手动脚”，其实是在向她表达爱意。她告诉他这虽然不是她表达爱意的语言，但她也会学着用身体接触来表达感情——当迪恩把一箱箱笨重的行李搬进他们的新家时，克莉丝汀就在后面推着他的屁股上楼。而迪恩也适当地管住了自己的手，学会了一些克莉丝汀能理解的爱的语言，比如服务行为（一如方才提到的搬行李）。

我发现自己几乎从不表扬布拉德，我常常戏弄他，拿他取乐，取笑他，还一厢情愿地认为只要我做了家务，给了他拥抱，他就能感受到我的爱。可我错了。我们遵照那本书生活时，他向我坦承，我频频取笑他的行为，让他真的怀疑过我是不是恨他才这样。

这是一记警钟。我曾以为自己很擅长向布拉德表达爱意。但因为我没有用他所擅长的爱的语言，结果那些藏在亲吻、清理洗碗机之下的告白，他统统没有接收到。只有当他看到我努力尝试新事物，努力说些好听的话，这才真正觉得自己是被爱着的。而这么做让我们两人都克服了内心的不安，把注意力和精力都放在对方身上。

学会有效地道歉 丨 乔兰塔

2016年，我和布拉德结婚，就在我们彼此承诺“我愿意”之后，他转身就对一份待遇不错的新闻工作也说了“我愿意”。所以，在我们结婚的头一年，布拉德为了报道美国大选的情况，一直奔波于美国各个城市之间，追踪报道希拉里和特朗普的各项活动。我则一直待在家办公工作，孤独至极。但大选落幕后，我们计划去趟阿根廷，相信能借此机会增进我们的感情。

我们打算去巴塔哥尼亚[①]徒步旅行。很多人可能觉得这听起来很美妙，但说老实话，我不喜欢徒步。我此前有幸徒步过很多次，多到我很清楚徒步旅行不是我的菜。我在俄勒冈一所名不见经传的学校里度过了我的学生时代，从十岁起，学校每年都强制要求我们去远足、野营和徒步旅行。我总觉得这样的旅行像在强迫孩子做违背自己意愿的事，真的喜欢不起来。

① 巴塔哥尼亚（Patagonia）：位于阿根廷南部，由广阔的草原和沙漠组成。——译注

然而，布拉德却是徒步、探险等各种流行户外项目的狂热爱好者。因为不想让他失望，我谎称冒着倾盆大雨徒步穿越冰川，攀爬风蚀雨侵的悬崖峭壁，就是与爱人分开一整年后的最佳团圆方式。

我基本上没看过他做的旅行攻略，也不想知道那些恐怖活动的细节，好让我可以一直假装无事发生。直到我们坐上飞机时，我知道是时候面对现实了，便鼓起勇气向他询问了具体行程。听完后我一点儿也开心不起来。

布拉德列举了偏远的长途跋涉、狂乱的天气状况，以及不得不和几个陌生人一起行动（比起徒步，我更讨厌和陌生人一起徒步）。听到最后我彻底崩溃了，我在飞机上哭了好几个小时，觉得自己左右为难，想和他在一起，但不想去探险。我一边哭一边对布拉德说了不少狠话，埋怨他又自私又固执，无视我的需求也不尊重我的意愿。坦白说，这些话倒也不假。他不在的这段日子，我们真的很疏远。但明明是我先答应了和他一起旅行，现在又在飞机上冲他大喊大叫，不仅于事无补，还搞得大家都很难堪。

下了飞机后，我们决定开诚布公地好好聊一次。他为自己的过错多次道歉。我告诉他，原以为这次旅行本该是我们亲密相处的好机会，结果却用来满足他的户外幻想。他询问我在他离开的这一年里，在他一遍又一遍地计划我根本不想去的旅行时，我是否觉得被忽视了。他为没有考虑我的需求而道歉，他承认知道我不喜欢他的计划，但很气我不肯说出来，所以故意让计划继续了下去。他道了歉，问我怎样才能补偿我，并且立马付诸行动。当晚我们就调整了行程，决定多在城里逛逛。回家后，他为我们请了一位婚姻咨询师辅助我们解决问题。同时，他也承诺会试着更照顾我的感受。

差不多三年后，所有这些努力都有了回报。我们的关系再也没有像在飞机上那样糟糕（说来好笑，谁能想到自己的婚姻会在九霄之上跌入谷底）。但我们所取得的进展中仍有一个问题一直没有得到解决——我从未真正直面过自己的错误……

没错，我在飞机上一连责备了布拉德好几个小时，说他不体谅我、自私自利、不会为我考虑，我还骂了很多脏话，甚至威胁他说要离婚，而我从未为此跟他道过歉。

从那次开始，一旦要去旅行，我和布拉德就会吵架。计划行程、出门度假，简直就是噩梦。起初我以为是我们不适合出门旅行，余生恐怕都会如此。但后来我和克莉丝汀有幸受《幸福的科学》（*The Science of Happiness*）播客节目邀请，做他们的小白鼠，学习如何有效地道歉。

该节目由加州大学伯利克分校出品，并与该校的至善科学中心联合制作，探讨如何用同情、感恩、正念和敬畏的最具诱导性与实用性的科学发现来解决生活中的问题。

科学中心要求我和克莉丝汀遵循他们制定的指南，学习真正有效地道歉。接到任务后，我和布拉德坐了下来，我问他在我们相知相识的十年里，有没有什么事情他还耿耿于怀，需要我道歉的。

我原以为他会夸我是个完美的妻子。但我错了，他一开口便说："我觉得去阿根廷旅行时，你的处理方式欠妥。我在认识到错误后吸取了教训，竭力弥补，但你在飞机上说了那么多伤人的话，却从未道过歉。"

他说得很对，我理应为我的行为向他道歉。于是我开始依照科学中心给我的指南，开始构思"阿根廷之旅致歉辞"。听起来仿佛是个不得了的大工程，但其实很简单。

先承认我错在哪儿，然后解释行为背后错误的意图，再表达对哪些行为感到后悔以及将来如何避免再犯，最后提出一个可行的办法来弥补伤害。

我遵循上述规则向布拉德道歉。当初因为害怕让他失望，所以我佯装同意他的所有安排，直至为时已晚。我告诉他，我完全理解他的感受，他一定觉得我欺骗了他，先假装同意最后弄得事情无法挽回。我承诺今后会直接说出自己的感受，并主动提出下次由我来策划旅行，保证不再重蹈覆辙。

说完这些话后，布拉德好像被施了魔法一样，开心得不得了，因为他终于被理解了，也得到了保证。改变还不止于此，我履行了承诺，积极参与制定行程，不久前的牙买加之旅我俩都很满意，至少没有人再在飞机上大哭。

道歉的好处在于，大到社会问题，小到日常矛盾，不论错误大小都可以道歉。克莉丝汀就是一个很好的例子。

克莉丝汀道歉的对象是她的丈夫迪恩。因为不小心弄坏了迪恩最爱的厨具，她采用有效的道歉策略，保证今后会加倍小心，并向迪恩承诺为他买个新的。

不论是日常小错误还是差点引发离婚的大问题，主动道歉有助于减轻由错误一方带来的伤害。但如果说《好人会有好报吗》真的教会了我们什么，那就是只有纠正过去遗留的错误，将来才会有更多积极的转变，起码能好好度个假或是拥有一套完整的厨具。

亲爱的克莉丝汀与乔兰塔：

女性从小就被教育要时时道歉。与人相撞时，道歉的是女人；被人误解时，道歉的还是女人。从生到死，我们一直在道歉。你们难道不该劝女性听众少道些歉吗？

——NS

亲爱的NS：

首先，我们向你道歉！（哈哈，开玩笑的。）我们非常理解你说的那些，甚至有些同意你的观点。没错，女性总被教导要时时道歉，哪怕我们并没做错任何事。

但需要澄清的是：我们不是在要求你道歉，而是想要说明有些道歉有利于达成理解、弥补过失、加深与人的联结，从而让我们心里好受些，也能安抚那些在我们这里受了委屈的人。

不过，我们确实希望有些人能学会有效地道歉。比如一些政治家、行业领袖以及各式各样的掌权者——他们中有许多人犯了错，但拒绝承认，也不肯改正。

所以，NS如果你碰巧也是一位掌权者，那我得更正一下前面说的话，我们的确希望你多道歉，而且是有效地道歉。这样做会让你更受欢迎，也对自己感到满意。不论你是男是女，这难道不正是你所追求的吗？

——克莉丝汀

放下电子设备 | 克莉丝汀

我不是所谓的“网络原住民”，我的成长环境里没有家用电脑，甚至连一台带遥控器的电视机都没有。家里最高端的娱乐设备是一台双卡录音机和一台立体声唱片机，都是我初中做了好几个月的兼职保姆攒钱买的。

我家的电子产品如此之少，一来是我比千禧一代早生了几年，二来我父母对这些东西毫无兴趣。他们看不出这些东西有什么意义。如果我要用电脑，就去伊莱恩姨妈家，借用她那台古旧的苹果二代机。

和我的父母一样，我对电子产品也没什么兴趣，对于层出不穷的新产品不仅不关注，还有很多质疑。比如，掌上电脑会不会只是昙花一现？苹果鼠标是否有许多瑕疵需要改进？一款新上市的“金属匣子”为何这么贵？

我一旦决定买下一款新设备，就会一直用到它彻底报废。我会更换电池和零件，尽我所能地延长它的使用寿命，毫不在意它们过时与否。我真正在意的是，为发明一个不痛不痒的新玩意，大肆消耗自然资源，把之前的产品扔进垃圾填埋场，平白浪费钱。不好意思，我对这种事毫无兴趣。这就是为什么我成了美国最后一个购买翻盖手机的人。四年前我都还在使用那台小小的翻盖机。直到厂家不再生产这种机型，我才不得不和其他人一样换成带触摸屏的智能机。

当我和乔兰塔开始尝试玛诺什·佐摩罗迪的《越无聊，越开窍》时，书中建议我们记录自己每日的屏幕使用时间。结果发现我盯着智能手机的时间与乔兰塔不相上下。

对于从高中起就开始使用手机的乔兰塔来说，手机是她的朋友，她的命根子，她的一切。

当我真正开始使用触屏手机后，手机似乎也成了我的命根子。尽管我常以勒德分子[①]自诩，但事实证明，我睡觉前做的最后一件事和醒来做的第一件事，都是看手机。每周总有几个晚上，我会一边看电视一边浏览易贝网（eBay），我的丈夫则坐在旁边玩电子游戏。我每小时至少刷一次《循规蹈矩》的脸书群和推特（Twitter）主页，查看上面的留言。更糟糕的是，我还给自己频繁看手机找借

① 勒德分子（Luddite）：原指19世纪英国工业革命期间，受大规模机器生产影响的失业工人，现引申为持有反机械化或反自动化观点的人。——译注

口——这是为了引导大家心平气和地交流，并及时地通过新人的群申请。但事实是，我上瘾了。

当然，我开始反驳自己，我没有被手机控制。毕竟此前这么多年我都没有手机瘾——不仅因为我成长于一个不喜欢电子产品的家庭，我很自豪自己从不玩电子游戏，也从没有在开车时发短信。看着其他人在餐厅里抱着手机发短信，对身边的家人不理不睬，我曾得意地认为自己永远不会变成那样。

但如果我每天都要花上两小时看手机，或许真的是上瘾了。

值得一提的是，《越无聊，越开窍》虽然要求我们追踪自己的手机使用情况，但并未要求我们减少手机的使用频率（两周的体验生活结束后，我和乔兰塔发现我们的手机使用时长只减少了几分钟而已）。这本书讲的是如何放空我们的大脑，让它变得更无聊，同时也更有创造力。一如书名所示，大脑一直处于愉快的状态，就会丧失创新的动力。

书中的练习方法包括通勤时不要使用电子设备，删除让人上瘾的应用程序，全天不要拍照，坐在公共场所观察身边的世界——这些方法都是为了放空大脑。

全书最后，作者要求我们找出生活中的一个问题，它可以是令我们困惑、想要回避或者害怕去思考的。然后完全不受干扰地静坐

30分钟（你可以盯着一壶水慢慢烧开，我就是这样做的），30分钟结束后，写出或画出关于那个问题的解决办法。

对我来说，这招奏效了。我的难题是如何与亲友保持联系，这个方法最好简单易操作，有利于我长期坚持。群发邮件太没有人情味，而且要发的人也太多了。在脸书上交流太容易分神。现在大多数人又不愿意打电话。我盯着壶里的水，任凭思绪随意游走。30分钟后，我的答案是“一句话”，准确地说是我决定每周给不同的朋友发一条一句话的短信，譬如“还记得我们念大学时总想象我们养了一只狗吗”。这一句话可能变成更深入的交谈，但也可能了无音讯。而我唯一要做的就是花点时间想念某位朋友，然后让对方知道。这个习惯我一直坚持到了今天，每周给朋友发一条一句话的短信（我也发现了其中的讽刺之处，《越无聊，越开窍》让我想到的高招最后还是离不开手机）。

乔兰塔也发现放下电子设备后，她的思维更活跃了。没有了屏幕的干扰，她的思维涌向了一些老式的创作方式，比如重拾钢琴，还取得了一些进展。不在照片墙（Instagram）上云吸狗后，她开始观察现实生活中的狗，并且发现了它们是如何认路的。参加好朋友的婚礼时，她甚至没想起拿出手机拍摄结婚仪式，而是全情投入到那个特别的时刻，这让她反而更快乐了。

《越无聊，越开窍》并不是唯一一本建议我们放下电子设备的书。蒂莫西·费里斯的《每周工作4小时》（里面的建议有好有坏）同样建议我们在某一时间段集中回复邮件之类的消息。其余时间里，你可以设置一条“人不在办公室”的留言，让对方知晓你可能会延迟回复。

费里斯认为，只在特定的时间段上网，有利于缓解拖延并提升专注力。其余时间可以用在真正想做的事情上，比如学一门外语、自主创业或者培养一个爱好。我和乔兰塔确实因此节约了不少时间。

当然，也不是所有书都建议我们放下手机。《穿着内裤喝一杯》就是例外，它鼓励我们给自己倒一杯酒，脱掉裤子，舒舒服服地躺在沙发上玩手机。这本书的作者米斯卡·兰塔宁全然不把手机视作恶魔（不过他强烈建议放松时，不要浏览与工作相关的网站或回复工作邮件）。

性格内向的乔兰塔很喜欢《穿着内裤喝一杯》的建议，她终于可以理直气壮地玩手机，让大脑尽情享乐。

而我却恰恰相反。作为一个外向的人，一个人坐着喝酒，浏览听众在社交媒体上的评论（有些还是恶评），对我来说是种煎熬。虽然《穿着内裤喝一杯》没有要求我放下手机，但让我领悟到与其独自看手机，不如多花时间和朋友一起喝酒。

最后，值得一提的是，我们实践过的所有书中，没有一本在劝导我们彻底戒掉电子产品。它们无意消灭我们的手机瘾，而是训练我们更讲策略、更有意识地去使用这类设备。这些书似乎都承认了电子设备是现代生活的一部分，没有人能与之隔绝。

我很赞同这一观点。虽然我有时候确实会怀念手机尚未普及的日子，人们围坐在餐桌时，没有人频频查看自己的社交软件；开车时，不必担心其他司机会边开车边发短信或玩游戏；坐在电影院里，没有人在玩消消乐（Candy Crush）或是频繁浏览照片分享软件Snapchat。

我想说的是，我的快乐不仅来源于我个人减少对电子设备的依赖，也来源于我周围的人减少他们对电子设备的依赖。当然，除非我正在给朋友发那条一句话的短信，或是和丈夫并肩坐在沙发上，一边看电视一边浏览易贝网。

量入为出 | 克莉丝汀

我还在上小学时，父母就离婚了。我的父亲舒舒服服地搬进了再婚对象的家里，而我的母亲则从打一份工变成了三份。我能活下来，全仰仗我的外婆不计报酬地在家带孩子、做家务、煮饭，以及母亲从打工的地方带回来的剩菜剩饭。

母亲再婚后，家里稍微宽裕了一点，但我仍需要出去打工赚钱。从拍学生照的费用到买卫生巾的钱，都得靠我自己打工赚来。上大学后，为了支付房租和学费，我开始像母亲那样打三份工，把打工的餐厅里预备扔掉的食物带回家。同时还得在工作间隙挤出时间去上课。即便如此，钱仍然不够用。

当时经济上的窘迫俨然成了我的噩梦。直到三十多岁，我的内心深处仍有一种担心自己流落街头的焦虑。我甚至能联想到，我的两个孩子坐在纸箱里饿着肚子，只能靠喝罐装食用油充饥。

省钱，是我克服这种焦虑的方法之一。而在这方面，我的外婆是个高手，只去旧货市场买东西，一个茶包能泡一整天，把熟食的包装留下来反复使用，不买无用的装饰品，生活必需品只买打折的。如果你称赞她的裙子或毛衣很好看，她会告诉你她在这些衣服上省了多少钱（我也有这个习惯）。

另一个克服经济焦虑的办法，就是使劲赚钱。17到25岁这段时间，我即便打三份工，年薪也从未超过两万两千美元。步入30岁后，我的收入开始增加了，但我还是按照年薪只有两万两千美元的标准生活——我把大部分工资都存作了养老金和个人储蓄。

我知道现代社会有的人觉得节俭度日很掉价，购物是我们最大的消遣，应有尽有才算成功人士。豪宅、新奇玩意、流行时尚被有些人视作幸福的核心。节俭意味着对这些观点说“不”，越来越多有影响力的自助书作者，都建议我们不花没必要的钱。

第一本真正向我和乔兰塔介绍这个理念的书是史蒂夫和安妮特·伊科诺米季斯夫妇的《全美最节约的家庭教你省钱》。这对夫妇在结婚的头12年里，还清了第一套房子的贷款，又买了一套比第一套房子大整整一倍的新房，还用全款买了几辆车，而他们的家庭年收入平均只有三万五千美元。他们能做到这一切全靠数十个省钱小窍门，比如只买二手货、不办信用卡、每个月只去一次商超以节省汽油钱和避免冲动消费。

我很喜欢按照伊科诺米季斯夫妇的方法生活，它让存钱变得像一场游戏，而购物则像在浪费时间和金钱。

不过乔兰塔就不像我这么喜欢这本书。这本书让她成年以来首次面对经济焦虑，甚至迫使她头一回学着登录自己的银行账户。

但《全美最节约的家庭教你省钱》教我们节俭，是出于最基本的经济考虑——保证我们有房有车有退休金。还有一些书则照顾到了我们心理层面的需求。

比如，在《九步达到财务自由》一书中，苏西·欧曼认为节俭可以让我们感受到是我们在控制金钱，而不是金钱在控制我们。

在《每周工作4小时》中，作者蒂莫西·费里斯认为，我们可以减少物质消费，多尝试一些低花销的事情（甚至是可以挣钱的）。比如，暂时搬去一个消费水平较低的国家，在那儿远程工作，同时把自己原本的房子租出去赚房租，说不定能收获意外之喜。

在《怦然心动的人生整理魔法》中，近藤麻理惠给出了另一个省钱理由——拥有太多东西，意味着家里会有很多杂物，而被无用的物品包围又是情绪低落的根源所在。所以，何不只保留那些能让我们怦然心动的东西？

在《我家没垃圾》中，贝亚·强森则从环保视角审视节俭，讲述了她和家人曾经在美国郊区过着理想的生活。他们拥有一栋大豪宅，搭配一片大草坪和一个能容纳三辆车的车库。一家人每周消耗大量的瓶装水，毫无顾忌地购买一次性塑料制品。他们每次都保证为了保护地球会循环利用这些东西，但每次都反悔。

刚过三十岁这年，强森开始看清她家铺张浪费的本质就是破坏地球。自此，她和家人共同决定：善待地球，就从这个家开始。他们搬进了一栋小房子，尽可能用步行替代开车，只买生活必需品（不买带包装的）。

我和乔兰塔遵照她的书生活时，我们牢记在心的最重要的一点是，不买东西、不收东西（哪怕是免费的）。我们可以对带吸管的饮料说不，对杂货店提供的塑料袋说不，对暖气和空调说不，对出租车、快时尚和时间过长的淋浴说不。我们可以拒绝购买任何带包装的东西，哪怕那些包装是可回收的，因为美国绝大多数垃圾回收都是做做样子，反而会在回收过程中消耗更多资源。

量入为出，对我们来说并不难。不论这些心理自助书的目的是什么，我们在践行的过程中发现它们都有一个共同的功效：活在当下。

减少对物质的关注，转而去关注他人、关注感受。停止追逐物欲，学着对我们已经拥有的东西心存感激。精减我们所拥有的东西，才能更好地看清我们不需要什么、我们需要什么，以及什么才能真正改善我们的生活。

亲爱的克莉丝汀与乔兰塔：

量入为出固然很好，但如果你本就挣扎在贫困线上呢？

——SH

亲爱的SH：

你这个问题提得非常好。事实上，据美国人口调查局（U.S. Census Bureau）统计，12.3%的美国人生活在贫困线以下，全球更有数百万人食不果腹。量入为出无法适用于每个人，而我在本章中的观点也并非要号召大家都跟我一样。相反，我意在说明勤俭节约的生活习惯，确保了我的生活不至于被经济焦虑全盘占据（哪怕是我最穷的那几年），而且有时，勤俭使我更快乐。

——克莉丝汀

整理 | 乔兰塔

《怦然心动的人生整理魔法》面世后很快风靡全球，但我却对它嗤之以鼻。收拾东西这样简单的事情，怎么可能改变你的生活呢？我对这本书不屑一顾的另一个原因是，它未免太受欢迎了吧。我很自豪自己喜好的东西一向比较小众，不同于那些人见人爱的蠢玩意。但就像我阅读那套讲述一个少年进入巫师学校的畅销小说一样，翻开这本畅销心理自助书时，我心服口服，看来有些东西广受喜爱是有原因的……

近藤麻理惠是日本的一位整理咨询顾问，她的整理方法被称为“近麻理整理魔法”（KonMari）。她的这本《怦然心动的人生整理魔法》在全球范围内销售了数百万册。

近藤麻理惠认为，整理房间不仅是为了保持整洁，从长远角度看，只留下那些能让我们怦然心动的东西，能让我们的生活保持愉悦。但为了能重视那些重要的东西，我们必须扔掉失去价值的东西。

乍一听似乎很简单，但相信我并非如此，而且真正做起来相当繁重。近藤表示，为了真正弄清哪些物品能让你“怦然心动”，你需要先花一两天做个彻底的大扫除，扔掉那些可能会束缚你的多余之物。更麻烦的是，近藤建议我们按照物品的类别进行分类整理，而同一类别的物品可能分布在各个房间。

近藤说，整理的最佳顺序是，从衣物开始，然后是书、文件、杂七杂八的家居用品，最后是纪念品。于是我们在《循规蹈矩》第一季尝试了一下近藤的方法。

首先我把所有衣服都堆在卧室地板上，然后一件件地挑拣，从我的婚纱到运动袜，花了整整一天时间。我无法享受这件事，清理杂物简直要了我的命。才过了几个小时，我就开始痛恨我买的每一件衣服，需要不断上街散步平复心情，才不至于一股脑儿扔掉所有衣服。

但熬过第一天之后，再翻拣其他东西不仅变得容易，而且还很有满足感。第二天大扫除进展到一半，我有了一个突破。我和布拉德在整理杂七杂八的电子产品时，我们把所有能找到的电子设备、充电器、U盘、插头和耳机统统摆在床上。我们非常沮丧地发现，我们拥有的旧设备和旧配件数量惊人，不再使用的数码相机充电器、一个装有上百张光盘的活页夹，还有上百个我们都不知道从哪儿冒出来的小玩意。

这些没用的东西大多在我与布拉德相识前就伴随我们多年了。其中有些东西甚至自童年起，就随我一起从俄勒冈搬到了加利福尼亚。目睹了生活里充斥着这么多没用的垃圾后，我们开始明白整理的意义。

从那一刻起，整理果然变得如魔法一般。虽然说起来很老土，但我变得越来越喜欢整理了。扔掉没用的东西，让人觉得很自由，妥善保管留下的东西，就像把喜爱的一切拼成一幅迷人的拼图。

时至今日，我和布拉德仍一致认为，尝试过的所有心理自助书中，《怦然心动的人生整理魔法》对我们生活帮助最大。丢弃了一直割舍不下的旧物，仿佛卸下了重负。我们喜欢看着曾经乱七八糟的家变得如此干净、明亮、静谧。

克莉丝汀的经历与我恰恰相反。她一开始相当积极，用她那种中西部人特有的热情，气势十足地开始大扫除。她捐出了一大堆衣服，扔掉了以前的家庭健身录像带，觉得很有成就感。但渐渐地，她和丈夫迪恩整理的东西越多，两人的矛盾也更多。

克莉丝汀和迪恩很少吵架，他们就像电视剧里才有的模范夫妻（至少在新来的保姆开始打理克莉丝汀的生活以前是这样……）。但近藤麻理惠建议的居家方式把他们逼得精神紧张，生活超级不便。沐浴时，需要用到的东西不在触手可及的地方，反而深藏在箱子和橱柜里，应该在灶台旁的工具也被放进了够不着的抽屉里。

两人都觉得很恼火，为了做回电视剧里的模范夫妻，他们适当地放弃了一些极端极简主义作风，有选择地让一些杂物重新出现在家里。等他们找到了适用于这个家庭的整理术后，克莉丝汀注意到她和迪恩的东西都比以前摆放得更恰到好处。而且，当初两人开始同居时，是克莉丝汀搬进了迪恩的公寓，所以她的行李只是胡乱塞到了放得下的地方，直到他们花时间清理掉了多余的东西，重新归置留下的东西，克莉丝汀才觉得这里更像她的家了。

总而言之，每有心理自助书提出大扫除的建议时，我都会花点时间整理一下自己的东西，看看哪些真的需要，而每次我的生活都会得到改善。在之后的几季节目中，我们还尝试过安努什卡·里斯的《极简衣橱整理术》，我和克莉丝汀都很喜欢清理衣柜，这有助于明确自己的穿衣风格。而遵循伊丽莎白·吉尔伯特的《去当你想当的任何人吧》生活时，我决定给我的办公室来次大改造，以激发我的创造力。我扔掉了用不到的文件和其他一些不需要的东西，重新布置家具。办公室也从一个外套随手乱扔的房间变成了一个能让我享受工作的地方。此时此刻，我正坐在这间屋子里写下这些。

一次翻天覆地的大扫除、小规模的橱柜打扫和改造办公室，在这些整理中我真正学到的是——生活空间其实是我自身的延展。我的延展也该像我本人一样，获得关爱、尊重和关怀。不过我和克莉丝汀吃过苦头后才领悟，极简主义的整理术并不适合每一个人。虽然我最终爱上了它，但过程也相当艰难。所以，如果你想尝试清理杂物，但又担心工程量巨大，我建议你可以先从一间办公室、一个橱柜、一格装满杂物的抽屉开始，就像我之前提到的那套讲述魔法世界的小说一样，绝对值得一试。

亲爱的克莉丝汀与乔兰塔：

似乎只有富人才有资格提倡极简。对于那些勉强糊口的人来说，本就没有多少身外之物。

——SJ

亲爱的SJ：

你说得很对。我们当初在播客上分享践行这本书的经历时，就该好好探讨一下这个观点。

很多介绍健康生活和整理技巧的文章，似乎都是为那些有钱的闲人而写，他们有足够多的日用品来审视能否怦然心动。而且这还不包括你得重新购买那些不小心扔掉的必需品，哪怕它已经无法让你心动。

但从接触整理术开始，我最享受的部分是重新整合家里的空间。不一定非要扔东西，才能让生活空间更舒适。

我喜欢按照近藤的建议存放和将家里的信件和文件分类。不花一分钱，就能让我再也不必为找不到支票簿或宠物狗的疫苗接种记录而犯愁。几年过去了，我的丈夫布拉德依旧会像书中推荐的那样，把衣服叠成螺旋状的小方块。他并未扔掉很多衣服，但他喜欢整洁的衣橱带来的幸福感，喜欢每天早上能清清楚楚地看到自己的每件衣服。所以，哪怕不扔掉任何东西，你也能享受简约整洁的生活。这一切等你真正想做的时候，再去尝试吧。整理并非过上幸福生活的必要条件，但对于有些人来说，大有裨益。

——乔兰塔

尝试新事物 | 乔兰塔

我之前提到过，我讨厌徒步以及各种未知的户外探险，你可能会因此认为我讨厌尝试新事物。换作以前，我完全同意你的看法，直到我遇到了《试着说是》这本书。

《试着说是》讲述了电视编剧兼制片人珊达·莱梅斯在被她姐姐指出她老是说“不”后，她决定用一年时间练习对所有事情说“是”。

珊达在书中分析，习惯性说“不”与社交恐惧、害怕尴尬或是天生内向有关。但她也用亲身经历证明了多说“是”，生活反而更轻松，而且也是成长、学习和完善自我的必由之路。

听从《试着说是》的建议，我和克莉丝汀度过了相当愉快的两周。我体验了和新朋友一起喝咖啡、举办了一次派对、组织了一场女性社交活动，还体验了足底按摩。我甚至答应把我的宠物狗打扮成松鼠，带它去参加化装游行。

克莉丝汀则挤出时间与一位从伦敦远道而来的朋友见面。他们不仅了解了彼此的近况，还在城外偶遇了一位“纽约娇妻”[①]。当时克莉丝汀刚刚转为自由职业，而这位朋友恰巧是一名自由播客主，他临走时还给了她一些下一步的发展建议，其中就包括让克莉丝汀成立一个自由职业俱乐部，以免她在缺乏社交的工作环境中无聊得发疯。

《试着说是》最棒的部分是，我慢慢意识到其实我很擅长对新事物说“是”。（毕竟我参与主持的播客节目，要求我每两周就要尝试新事物！）事实上，我所热爱的一切，都是因为我对新事物说“是”才进入我的生活中的。因为答应参加说书人培训班，我有机会尝试单口相声。因为答应和一位没心没肺的朋友出去玩，最终导致我嫁给了布拉德。我敢打赌，如果你回顾一下自己的人生，你会发现那些勇敢说过的“是”，都将你带向了从未设想过的地方。要我说，说“是”的人生简直棒极了。

甚至当事情失去控制时，你同样可以说“是”。克莉丝汀在这方面为我们做出了表率。就在我们准备遵循《试着说是》生活前，克莉丝汀得知她就职的播客公司将会倒闭，即将失业的她仿佛一下子堕入了地狱。但对各式各样的新事物说“是”，帮她渡过了难关。因

---

①《纽约娇妻》（*Real Housewives of New York*）：一档讲述纽约贵妇生活状况的真人秀节目。——译注

为对寻求帮助说“是”，所以她发邮件给自由职业的朋友们寻求建议。最终，她为自己创建了一个交流群，还和几个朋友共同创办了一个自由职业合作俱乐部。

克莉丝汀还致力于打造自己的品牌。她斗志满满地宣传自己的网站，主动报名参加演讲，客串其他播客节目。如此一来，失业成了她创业的契机。刚被解雇的那几个月里，克莉丝汀接纳了随之而来的各种新事物，不断地说“是”让克莉丝汀有机会在一家新公司旗下做播客主、客串主持其他的播客节目，甚至开始撰写她的新书《开一个播客吧》。

自从读了《试着说是》，我开始把我的生活看作一系列勇敢尝试新事物的结果。如果尝试新事物已让我取得了这么多了不起的成就，那么我一定是个喜欢尝试新事物的人，但徒步除外……（抱歉，布拉德）

自我更新 | 乔兰塔

我的独处时间神圣不可侵犯。我所说的“独处时间”，是指独自做些轻松、放纵，乃至无聊的事。

我一直认为自己喜欢安静独处，是因为我是独生女。从出生第一天起，我就一直是一个人。过去的小半辈子里，我常常认为自己需要靠独处来恢复状态是我的弱点，但直到最近，我才觉得这样也没什么不好。

我们的社会推崇外向型人格，常把成功和性格外向、善于社交等同起来。我一度以为，像我这样需要远离这个世界休息片刻才能继续奋斗的人，永远无法成功。

好在我错了。过去几年爆发了一场内向者的革命，书店里摆满了教人如何宅在家里、健康饮食、焚香点蜡、放松自己以获得幸福的书。

当我们遵循《穿着内裤喝一杯》生活时，书里就提倡这种内向的自我更新之道。在芬兰语中，“kalsarikänni”指的就是独自在家穿着内衣喝酒放松。通过穿着内裤喝酒的夜晚，感受“有意义地浪费时间”的乐趣，能在劳累一整日后帮你完成自我更新。

我在书中看到这条建议时，真是喜出望外。终于有种属于我的生活方式被人推荐，而且还出了书！一读完这本书，我立马开了一瓶玫瑰苹果酒，打开付费频道看了一部讲网络跟踪狂的电影。

按照《穿着内裤喝一杯》的建议生活了两周后，我已精通所有恢复活力的自我放纵之道。我曾一边看《纽约娇妻》里的马拉松比赛，一边狂吃巧克力片，同时不停地给好友发搞笑动图，其间不忘喝喝啤酒，敷个面膜。我宅在家里，尽我所能地放纵自己，享受每分每秒。就连布拉德也注意到只要我晚上“穿着内裤喝一杯”，第二天早上起来心情就会好很多。

但这招对克莉丝汀却没那么奏效。自斟自饮让她很伤感，在微醺的状态下看到社交网站上的恶评让她很郁闷和孤独。不论她多努力去享受“穿着内裤喝一杯”，她都觉得自己更像是精神错乱了，毫无精神焕发的感觉。

这与克莉丝汀的性格有关。她外向、善于从周围人身上获取能量。与像我这样的内向者不同，社交活动不会榨干她的精力。相反，她的充电方式是呼朋唤友来家里玩，或者去逛热闹的农贸市场。对于克莉丝汀来说，这就是属于她的“穿着内裤喝一杯”，和穿一件超大号的旧T恤自斟自饮异曲同工。总之，花时间恢复精力只在于做对自己有益的事，不在于具体怎么做。

我喜欢《穿着内裤喝一杯》，因为它允许我随心所欲地放松身心，不必为周五晚上在家吃零食、看“垃圾”电视节目而内疚。我们应该允许自己虚度时光，不管你怎么做，只要能让自己感到舒服，就不算浪费时间。

无论是挑一瓶红酒、一部老电影，和你的狗一道依偎在沙发上，或者呼朋唤友去K歌，唱到天亮才散场，再或利用你最爱的“独处时间”尽情自娱自乐，这都是你应得的。

亲爱的克莉丝汀与乔兰塔：

我发现很多人嘴上说着想要调整自己的状态，完成自我更新，实际只是想去做个水疗美美容，上网购物，或者敷着昂贵的面膜喝着玫瑰红葡萄酒罢了。所谓的调整（尤其是打着提升自我的名号），难道不就是消费主义者自我放纵的代名词吗？

——LS

亲爱的LS：

你的发现真是一针见血。像“养生”“找回最佳状态”

之类的概念已经被社交媒体和消费主义带偏了。以带来幸福为噱头来兜售能量水晶和奢华面膜，这样做欺骗了那些真心想要过得更好的人。

但我仍愿相信心理自助书里的建议，本质上都是真诚的。为了检验这一点，在遵照那些书生活时，我也尝试过能否以最少的花销过上书中的生活。结果发现，其实无须额外购买任何东西，有时只需穿着内裤喝一杯，就可以轻松调整到最佳状态。

虽然这些书所介绍的方法，对我来说并不新鲜，但它们再次确认了我的放松方式不仅没错，而且很有必要。我终于可以心安理得地享受它们，不再视之为懒惰的恶习。

但我无法代表大多数人，宅在家里恢复精力，可能对我们这种自认为内向的人更有效。这类建议可以帮内向者消除一些需要靠独处来恢复精力的愧疚感。

我知道很多外向的人（包括克莉丝汀），他们的放松方式截然不同。这些放松方式只是些有趣的点子，它们能让你放松，但不至于给生活带来天翻地覆的变化。所以你说得很对，我们绝不该为此花太多钱。

——乔兰塔

走出家门 | 克莉丝汀

我是个只能生活在城市里的人。我讨厌公共交通到不了的地方，喜欢周围人来人往。我无法忍受自己在地上挖个洞拉屎，或住进一栋远离文明社会的森林小屋，这些都是我最大的噩梦。我觉得电影院是世界上最奇妙的地方之一。

我不仅喜欢城市，还喜欢宅在家，喜欢站在纱窗内，虫子却被挡在纱窗外。小时候，父母经常扯着嗓子赶我出门去玩。

"别再看书了！"

"你已经看了很久的电视了！"

"不要在地下室造防空洞了！你囤的罐头也太多了！"（这件事得归咎于冷战末期的影响。）

虽是如此，可我一旦出门，也能玩得很尽兴。我喜欢和小伙伴骑着自行车去野餐，我们捉毛毛虫，再把它们养成帝王蝶。我们夏天在后院捉迷藏，把各种游乐设施玩个遍，冬天就去滑冰、造雪堡、滑雪橇。我喜欢和小伙伴在外一起调皮捣蛋的日子，也很喜欢散步，不论是跟我妈在明尼阿波利斯市的湖边走走，还是穿过几条街去朋友家。

外面的世界为散步提供了各种惊喜和空间，有时候我只是需要一个出门的动力而已。但随着年龄的增长，我的动力越来越小，要备考，要写论文，放了学还要去打工。

成年后，不仅再没有人催我出门，这个世界也开始变得不需要出门了。我们有互联网，有网络电话，有在线影视。就连我搬到号称不夜城的纽约后也发现，当地人对于电子设备的喜爱丝毫不逊于享受城市生活。

最要紧的是，户外活动变得越来越商品化和商业化，像我这种收入一般的人似乎无福消受。想在林子里散个步，需要配备一百美元的运动鞋和五十美元的水壶，想和朋友一起兜风，需要一辆比我一年的房租还贵的自行车。即便只是出门慢跑，也需要用高性能的运动套装取代旧T恤和旧短裤。

就连我一直钟爱的在城里散步，也突然“不属于户外活动”了。因为户外运动已经被商业重新定义，只要你置身高楼大厦之中，就不可能享受到户外之乐。

尽管我每天都花时间在外面散步（周末甚至会走20英里），但我却穿着错误的衣服，出现在错误的地点，进行着错误的户外活动。

可如果我全都做错了，为何仍可以乐在其中呢？为何成年后在高楼林立的地方逛上几小时，也能带给我如同小时候在明尼苏达郊区探索自然一样的快乐呢？

这个问题有多个答案。也许正如我在“放下电子设备”章中提到的那样，散步能让我避开电子屏幕的干扰，放空大脑。也许又如乔兰塔在“尝试新事物”一章中提到的，散步能带我去往全新的地方，收获全新的体验。

但在此我想说的是，哪怕是在大街上，我也能感受到自然之力。相比家里，我在大街上能看到更辽阔的天空，感觉到微风拂面，阳光晒在皮肤上。即便这座城市有八百万人口，我也能听到鸟鸣。我所走过的每条四车道公路，道路两旁都有掩映在绿荫下的褐石建筑[①]，以及被精心打理过的前院，鲜花和松鼠随处可见。

按照弗洛伦斯·威廉姆斯的说法，我这套想法的确很有道理。她在《自然疗法》中说，大自然的颜色、图案、气味、声音和纹理都能使我们更平静、更专注、更健康，或更积极、更具创造力。最重要的是，她认为哪怕是在最繁华的大都市里，我们也能享受自然的恩惠——我遵照她的书生活时就是这么做的。

---

① 褐石建筑指运用赤褐色砂石和红砖建造的联排式住宅，兴起于欧洲，兴盛于纽约，在整个十九世纪至二十世纪初最为流行。——译注

我和丈夫在城市公园里散步，花香扑鼻；我们每天都欣赏城里的各种鸟儿，不论是麻雀、八哥还是鸽子；我们栽种了两个花圃，一个在阳台上，另一个在客厅的窗台上用来种草药。与此同时，我的行为也发生了变化，我开始多次离开办公桌，花几分钟观赏楼下广场上的绿叶植物和窗外的流云。

这些活动都加深了我在长时间的城市漫步中体会的感受。虽然我很高兴弗洛伦斯·威廉姆斯验证了我的生活选择，但有一点也想澄清一下——我对《自然疗法》的推崇不仅仅是为了确认偏误[①]。为证明这点，我们来看看乔兰塔与自然的关系和她的体验。

乔兰塔成长于俄勒冈州的波特兰市，她家住在城郊，后院紧邻着一片森林和一条小溪。对她来说，亲近自然意味着坐在潺潺的溪水旁观鸟，闻着古木的华盖下散发出雨水的潮气。她现在回西部探亲，也总会抽出时间去海边或远足。

但当我们遵循《自然疗法》生活时，乔兰塔既没有时间也没有预算买张机票飞回西海岸。她和丈夫正在搬家，他们忙着打包行李、布置房间，还要处理搬家后的后续事宜。

因此，乔兰塔不得不以另一种方式亲近自然。虽然无法坐在森

---

① 确认偏误：指人们会倾向于寻找能支持自己观点的证据，对支持自己观点的信息更加关注，或者把已有的信息往能支持自己观点的方向解释。——译注

林里听溪水潺潺，但她坐在跟树差不多高的防火梯上，倾听邻居后院的喷泉声。她和丈夫无法去森林散步，只好抱了抱公寓楼外面的那棵行道树。她设法在生活中寻找隐藏在纽约市内的自然气息。

结果，这些做法都让她更快乐了。呼吸几分钟新鲜空气，能让她更从容地搬家。和丈夫一起合抱楼下的那棵树，让她对自己的居所充满感激。偶然发现从混凝土中冒出的花，也足以让她停下脚步，细细欣赏这个世界。

当然，没有一本书是完美的。我和乔兰塔都很怀疑威廉姆斯所说的——大自然可以治愈多动症、创伤后应激障碍和近视。书中还主张人们每年至少应该有一次为期数天的野外之旅，足以见得作者对大多数美国人的经济状况缺乏了解。

无论如何，走出家门的确让我和乔兰塔更快乐也更平静了，不论是明尼苏达的湖边，俄勒冈的森林，还是防火梯。环顾四周，深深呼吸，朋友，在家门之外，还有一个广袤而快活的世界。

亲爱的克莉丝汀与乔兰塔：

我只是想说，户外活动并不能带给每个人快乐。有些人对大自然过敏，容易晒伤，也讨厌寒冷和虫子乃至室外的一切。就我个人而言，我更喜欢坐在沙发上看电视真人秀，不爱在大自然中漫步。我就是很宅！

——IP

亲爱的IP：

我们理解你。我和乔兰塔也对自然界中的很多东西过敏——花粉、豚草，还有严寒（是的，有些人真会对寒冷过敏，学名是寒冷性荨麻疹，我就是这样）。

除此之外，我们还在野外受过伤——虫咬、晒伤、水疱、擦伤。有次，我甚至被火焰岛的暗流冲走，贝壳划破了我的后背。自那以后，每当靠近野生水域，我就恐慌不已。

不错，户外活动可能很艰苦。我们也不想骗大家说它适合所有人。事实上，我们和《自然疗法》的作者弗洛伦斯·威廉姆斯交流时，就连她也说大约有5%的人只喜欢宅在家。但她同时也指出了几点：

1. 许多自以为宅的人，其实只是懒而已。不论生活在城里还是郊外，现代生活都主要集中于室内，出于惯性我们也倾向于待在室内，除非有外力干扰（比如父母强行把你从你的“防空洞”中拖出来）。

2. 就算你喜欢宅着，打开窗户晒晒太阳有益于身心健康；就算你喜欢宅着，眺望蓝天、星辰，吹吹风的感觉也不坏；就算你喜欢宅着，只想整天坐在沙发上看真人秀，偶尔看一眼窗外的人和动物，说不定也很喜欢。

我们无意说服你走出家门，更无意说服你多看些介绍自然的电视节目。照你自己喜欢的来就好。只是对我俩来说，时不时能体验一下户外的感觉真的很好，哪怕只是推开窗，也可以算作一次户外体验。

——克莉丝汀

努力让世界变得更好 | 克莉丝汀

这些年来，我和乔兰塔一直严格遵守心理自助书的建议，经历了一周又一周，体验过一本接一本的书。我们写下自己的感受，思考自己的梦想，审视自己的焦虑；我们布置整理家里的一切，界定自己的穿衣风格，在涂身体乳时默诵祷文；我们记录自己的就寝时间和饮食习惯，追踪一切需要追踪的日常行为。

在某种程度上，我们也开始觉得这一切有些适得其反，令人越发以自我为中心。

并不是说我和乔兰塔反对向内探索。恰恰相反，我们认为了解自己，在无助的时候积极求助，感激那些成就了我们美好生活与独特个性的事物，以更友善的方法对待自己、接纳自己，这些都至关重要。

但很多时候，我们实践过的畅销书却止步于此，一味地向内看，不再关注外部世界。它们告诉我们该如何自我安慰，但不去解决那些导致我们需要安慰的根源问题。更糟糕的是，这可能会变成一种自我暗示——如果我们在逆境中过得不快乐，那是我们自己的错，怪不得周遭环境。

倘若我们试着改变现状呢？倘若不只是看到外部世界的不公给我们造成的伤害，而是着手改变不公，我们会更快乐吗？

我和乔兰塔在体验史蒂芬·波斯特和吉尔·奈马克的《好人会有好报吗》时就曾思考过这些问题，并通过艾玛·格雷的《女性反抗指南》和贝亚·强森的《我家没垃圾》，对此有了更深入的认识。

《女性反抗指南》尤其善于挖掘我们内在的行动力。该书开篇就鼓励读者去思考他们在这个世界上究竟关心什么——不论是种族主义、环境正义、女性和性少数群体的权利，或是其他影响我们的问题。思考这一问题时，该书鼓励读者结合自己的亲身经历。如果你在就医时遭遇过性别歧视，这也许会促使你去改善女性在生殖健康方面的医疗环境；如果你体会到了环境污染和气候变化带来的恶果，也许你可以为保护地球而战；如果你因种族身份而被区别对待过，也许是时候争取种族平等了。

环境正义和种族平等是我个人最关心的事，一来是因为这两个问题常常困扰我，但最重要的原因是，生活在一个充斥着种族歧视和环境污染的世界让我倍感心酸。

在采取行动前，该书建议我们先去倾听，倾听那些与我们类似或者截然不同的经历，倾听不同的声音或是被忽视的声音。我特别喜欢这一步，为此我找到一些黑人朋友，听他们讲述平时为了免遭警察暴力执法是怎么生活的。我们还探讨了我所享有的特权，这个话题纵使令人不适却至关重要，虽然我既不是白人也不富有，但比起他们仍有一定优势。

等到开始行动时，我和乔兰塔都已准备就绪。我调查了哪些公职候选人曾支持过种族平等和保护环境。为那些立志成为记者的有色人种女性提供职业辅导。一旦看到有色人种受欺负，我会站出来发声。我曝光了在夏天敞开大门，用空调冷气吸引顾客的商店。申请成为社区公园志愿者，清理了人行道上的垃圾。我还给最喜爱的环保组织捐款，拨打政府热线，支持环保立法。总之，我利用手头上的各种资源，努力为地球和地球上的居民做点什么。

至于乔兰塔，她则身体力行地争取性别平等。她写了一篇文章曝光高中时骚扰过她的体育老师，并专程去找校领导反映了情况，她还参加了各种女性争取社会公平的活动，澄清了许多伤害女性的假消息，尤其是女性健康方面的错误认知。

不可否认，我们的努力各有结果。乔兰塔虽然对社会现状略感焦虑，但这点焦虑远不足以与内心涌现的力量相提并论。她说：“面对性别歧视和其他看似牢不可破的偏见时，我觉得自己比以往任何时候都更有力量了。我以前常麻木地认为，我这种老阿姨没什么影响力，更无法真正改变现状。”但《女性反抗指南》唤醒了我们改变世界的力量。

我则发现为正义而战可以缓解焦虑。我为环保事业出钱出力越多，越能减轻活在这个星球上的愧疚感；我和众多青少年一起参与的公益活动越多，对他们将要面对的未来世界的担忧也越少；我越是为别人挺身而出，就越相信别人也会为我挺身而出。

不过我和乔兰塔都不认为，我们有能力拯救整个世界，我们只是两个普通人。但我们唯一能做的是，或许今天我们可以让一个人生活得更好，明天也可以让另一个人生活得更好，后天再一个人。

而通过这些微小的行动，乔兰塔觉得自己更有力量了，我则不那么焦虑了——所谓自我提升不正是如此吗？

为死亡做好准备 | 克莉丝汀

乔兰塔极其幸运，她所爱的人基本都还健在。但换个角度看，她也十分不幸。作为独生女，她很清楚父母去世后，需要她来安葬他们，完成他们的遗愿，管理他们的遗产，处理一切遗留的法律问题。她会感受到深切的丧亲之痛，却没有兄弟姐妹能够分担。所以，乔兰塔总在极力逃避死亡这个话题，不论是她自己的死亡，还是别人的死亡。于她而言，死亡既是个遥远的概念，也是个沉重的负担。

正因如此，我想我们应该在节目中尝试读一本关于死亡的书。因为我发现许多听众与乔兰塔同病相怜，他们在逃避与恐惧之间徘徊，明知道死亡不可避免，但又希望一时半会儿不用去面对它。可惜，大部分西方文化都不会花很多时间谈论死亡或者为死亡做准备。当它降临时，我们措手不及，仿佛听到了来自另一个世界的噩耗。哪怕我们很清楚，人终有一死。

我和丈夫迪恩对此深有体会。我们都失去了至亲至爱的父母和祖父母。经历过这些后，我们明白了接受死亡和为死亡做好准备是何其重要。

迪恩的父亲走得非常突然，他死在位于地球另一端的故乡，新西兰南岛。一时间有太多的震惊和痛苦要消化，除了没来得及和父亲说再见，处理后事也像一场噩梦。迪恩从美国出发，一连转了四趟航班飞赴世界各地去与他的母亲、姐姐和其他亲友团聚。

回到新西兰南岛后迪恩才发现，父亲生前从未安排过自己的后事。他的财务账单一片混乱，留下的文件大部分字迹潦草无法辨认，且分散在家族企业和亲戚手里。迪恩和他母亲、姐姐甚至考虑过请法庭文件专家来帮忙。最终，他们承受着巨大的悲痛熬过了不知疲倦的数小时，安排好了葬礼，也挽救了他父亲的生意。而这一切都发生在他们痛失所爱之后。

我的母亲也走得同样突然。最初她只是患了重感冒，好几个月迟迟未愈，行为也开始有些异样，她似乎比平时更黏人。而我当时并不知道其中缘由，只知道再过几周我就会回去了，每年我都会在那个时候回明尼苏达看她。我告诉她在我回去以前，好好照顾自己。我相信如果我母亲病势严重，至少住在明尼苏达的家人们会拉她去医院。

但后来我接到电话说，母亲病情恶化住进了医院，不知道她能不能挺过去。我立即买了最近的航班，却赶上航班一再延误。邻座的女士得知了我的情况后，说一下飞机就让她丈夫送我去医院。感谢这位陌生人的帮助，让我赶在母亲昏迷前见到了她，并亲口告诉了母亲我爱她。随后，母亲陷入了昏迷。

我和姐姐、叔叔、婶婶守在医院，等医生给出一个明确的诊断和相应的治疗方案。但最终我们听到的答案是：母亲患有癌症，癌细胞已经扩散到五脏六腑，包括她的大脑。我们可以让她继续昏迷下去，也可以切断她的生命维持系统让她安然离世。没人愿意选择切断生命维持系统，但我记得母亲过去常对我说："请不要让我靠人工系统活着。"于是我说出了无人愿说的那句话："请拔掉吧。"母亲离世时，我和家人们都围在她身边，抱着她，告诉她我们爱她。而就在一年半以前，我们也像这样送走了我最爱的外婆。

丧亲之痛实在太可怕了，我一直很后悔没能在母亲告诉我她得了重感冒后立刻回去。但我比迪恩的境况稍好一些，母亲生前已做好了准备，她留有遗嘱，并将我的姐姐和婶婶列为遗嘱执行人。而且她不止一次地嘱咐过我，在她死后应如何料理她的遗体——她希望火化，把骨灰撒在她最喜欢的湖边。

我们遵照凯蒂·巴特勒的《善终的艺术》生活时，我和迪恩回忆了我们失去亲人的经历，思考了何谓"善终"，讨论了死后希望人们如何安排我们的遗体，还写好了一些重要的书面文件。在谈到希望留下什么遗言时，我俩不约而同地表示，愿将我们与人为善的精神延续下去。

乔兰塔体验《善终的艺术》的经历则截然不同，她要做的不是追忆已然逝去的亲友，而是面对有朝一日要为父母送终的事实。这意味着她要与他们深谈一次。好在这次谈话最终令她安下心来。和母亲交谈后，乔兰塔发现原来母亲早已备好了临终的书面文件。乔兰塔的母亲其实并不畏惧死亡，她还委托了一个可靠的团队来处理自己的遗愿，其中还包括一名律师，这些都让乔兰塔感到安心。

除了考虑父母的死亡，乔兰塔也开始考虑自己，思考她认为怎样才算善终。她希望临终时能有宠物陪在身边，还选择了一篇文章希望到时候有人念给她听。而后，她和丈夫巨细无遗地讨论了如何过好余生，以及在各自心中何为“有质量的生活”。

体验过《善终的艺术》后，我和乔兰塔都觉得受益匪浅。乔兰塔不再那么害怕面对死亡，我也做好了更充分的准备。总之，我们都接纳了无可避免的死亡，也更珍视眼下所拥有的一切。

亲爱的克莉丝汀与乔兰塔：

光是听到“死亡”这个词，我就忍不住难过。说真的，一想到死亡我就怕得不行。

——MB

亲爱的MB：

我能理解你。通常，我会不惜一切代价避免直面死亡，甚至想过放弃在《循规蹈矩》中尝试唯一一本谈论死亡的书。

明知你无法面对却还要劝你试一试，这种事我永远不会去做。但我可以跟你分享我的感受，我强忍不适探索死亡意义的这次经历，也帮我了解了生命的意义。

这是一次美妙的经历。一开始我只是一味地逃避这个话题，到后来我意识到最令我害怕的其实是未知。（我们不都如此吗？）当我知道得越多，对死亡的意义了解得越深，死亡也变得不那么可怕了。

——乔兰塔

HOW TO BE Fine

第二部分

8件无用的事

早起 | 乔兰塔

我不是习惯早起的人，完全不是。甚至可以说，清晨是我的克星，克莉丝汀也是如此。

可惜，社会并不赏识我们这种不喜欢早起的人。日常生活大多从一早开始，比如上班、上学，而那些在破晓时分就开始新一天的人更是备受赞赏。正因如此，我一直想扭转我对早晨的厌恶，学着做个习惯早起的人。

我对那本《早起的奇迹》抱有很高的期望，期待靠它学会充分利用上午的时间。作者哈尔·埃尔罗德认为，世上只有5%的人是顶尖的，其余的95%都是平庸之辈（不知这个统计数据是从哪儿来的），我们中的大多数人都无法舒舒服服地享受退休生活，因为我们很可能体重超标，就算还没离婚估计也快了。但我们不必如此自甘堕落，我们也可以拥有一切，这需要我们决心学习、决心成长，每天早上花一两个小时写作、打坐、锻炼、自我肯定、明确我们的生活愿望，每天进步一点点。是的，就这么简单。早点起床做些普普通通的“健康”活动，然后你就可以像雪儿[1]一样成功，卖出去的门票足够去月球度假。

听起来相当值得一试，我一直都想摆脱平庸，所以读了这本书后，我把闹钟定在了早上7点（以往是9点），然后立马睡觉。迷迷糊糊地进入梦乡时，我幻想着翌日清晨要做的事：动笔写30分钟的喜剧剧本，满心正念地打坐。明早一定会很棒。

然而事实并不如我所愿。不管我晚上几点睡觉，到了早上无论闹钟怎么响我都可以继续睡，即便好不容易起了床，每一项活动都犹如折磨。打坐根本不可能，不管怎么努力，我总是立马睡着。一天早上，为了营造更好的打坐氛围，我点了一根蜡烛。结果我在打坐时睡着了，头发不小心撩到蜡烛，醒来时我的头发正在着火。好在人没事，只是有一小撮发尾被烧得又焦又臭。闻着头发的焦臭味开始新一天，我一点儿也没感受到“早起的奇迹”。

第一周结束时，我的生活已乱作一团。睡眠严重不足导致做什么事都无精打采，不论生活还是工作都漏洞百出。最终我病倒在床上，并放弃按照这本书生活。

经过一个星期的补觉、咳嗽和没完没了地擤鼻涕后，我终于从

① 雪儿（Cher）：20世纪六七十年代美国当红歌手兼演员，曾创下美国历史上女歌手演唱会最高票房。——译注

《早起的奇迹》的重创中恢复了过来。所以在此，我想郑重告诉你这本书不适合我。但哈尔·埃尔罗德却在书中保证，这是让我的生活变得有条理、更高效的唯一方法。就好像有一套方法能解决各种人的各种问题，完全不顾它是否具有普适性（实际上大多数东西都没有普适性，除了重力）。

早起让我比以前还要平庸。克莉丝汀也最终选择了放弃。虽然没有生病，但她晚上通常得工作到很晚，早起很难实现。

何况她以前的晨间安排，已堪称完美。她的丈夫迪恩会尽量让她多睡一会儿，然后通过足底按摩叫醒她。起床后她会急匆匆地化个妆就出门。既然这套作息对她行之有效，何故瞎折腾呢？而且克莉丝汀绝非平庸之辈，所以早起做些乱七八糟的"健康"活动与你能否成功没有丝毫关系。

我从自己惨痛的教训中学到了一点：不要违背你的生物钟。一旦过多地干扰或缩短睡眠，势必妨碍身体的正常运转。我认为每个人确实都有一段奇迹时间，每天总有那么一两个小时，工作起来得心应手，思维也格外清晰。对哈尔·埃尔罗德来说，那个时间大约是早上6点，这就是为什么他认为早起是高效生活的最佳方式。但没有一个作息表能适用于所有人。谁有工夫在意你精力最集中、最高产的时间是在半夜、中午还是下午4点？根本无足轻重。所以，别再想着如何充实你的早晨了，回去睡觉吧。

亲爱的克莉丝汀与乔兰塔：

我知道你们不喜欢早起。但早起真的很有用！否则为什么那么多高中都在早上8点开始上课？为什么那么多健身房的瑜伽课都排在早上6点？为什么美军的座右铭是“我们在早上9点前做的事，超过很多人一整天的工作量”？因为早起意味着能做更多事！我每天早上5点就起床了，这些都是我的经验之谈。

——ER

亲爱的ER：

你说早起能让你完成更多事，我们对此深信不疑，而且还要恭喜你找到了适合自己的生活方式！很可惜，这招对我们不起作用。我和乔兰塔发现我们早上精力欠佳，无法靠早起完成更多工作、处理更多事。相反，早起会让我们牢骚满腹、精疲力竭、容易生病。

如前所述，我们睡到自然醒，起床后也完成了很多事。我们编写并主持了两个播客节目。乔兰塔还在表演单口相声和说书，她同时也是一名专职配音演员。我不仅开班授课，还为那些想要创建或运营播客节目的公司提供业务咨询。去年以前，我一直都是一家播客公司的部门负责人。我们做了很多事，完成了很多工作。你看，我们现在还写书呢！

不过我们可以理解为什么有些人觉得早起效率高。因为，ER，如你所言，这个世界是为你们这些习惯早起的人而设计的。你们能在状态最好的时间去学校和健身中心，能在世界公认的高效时段里高效地工作，这是一种优势（不像我和乔兰塔，经常在晚上10点写东西）。

好好享受你的清晨时光吧，ER！享受这个为你量身定制的世界吧！等你睡熟了，我和乔兰塔也会完成我们的工作。

——克莉丝汀

冥想 | 克莉丝汀

朋友，在你竭力劝说我“一定要坚持冥想”，“科学证明冥想对所有人都有好处”，“错过冥想太可惜了”，“如果不冥想就多半无法成为最好的自己”之前，请恕我直言：你大可尽情冥想，我绝不会阻止你，只要你喜欢，尽管去做。

但我讨厌冥想。我讨厌坐着不动，讨厌观察自己的呼吸，讨厌一边按照别人的指示摆放我的胳膊和腿，一边还要保持平静，摒除杂念，清空大脑。

我和乔兰塔实践过的很多书都推荐我们尝试冥想，其中最著名的当属丹·哈里斯、杰夫·沃伦和卡莉·阿德勒合著的《烦躁怀疑论者的冥想》。

乔兰塔认为《烦躁怀疑论者的冥想》恐怕是所有书中最适合我的。它不像《早起的奇迹》那样要求我在大清早爬起来冥想，或以变富或者变宽容为目标进行冥想（我完全不相信冥想可以达成前者，也对做到后者毫无兴趣）。最重要的是，这本书是为我这样的怀疑论者所写，不和我很搭吗？

大错特错！照这本书生活的那两周，我并没有觉得快乐，比起平静，冥想让我更紧张。它不断提醒我能怎么做、该怎么做。最要命的是，它让我见识了很多极其武断且死心眼的说客。

每当我跟冥想爱好者说起自己不喜欢冥想时，他们就会坚称是我的错。当我说冥想不适合我时，他们就会说冥想适合所有人。当我说我已经试过好几十次，但还是不喜欢冥想时，他们会说，你得试过几百次才会爱上它。

“没人一来就喜欢冥想，”他们对我说，“但最终，日积月累，你会找到内心的平静。”

但事实是：我本来就是一个很平和的人。除非有人要横穿马路或者伤害我，我才会大声嚷嚷。我很少陷入消极或焦虑，而且已经做到了活在当下。如果你偷偷在街上跟着我，你会发现我陶醉于微风拂面的感觉，喜欢跟每一只松鼠讲话，闻每一朵花香。

我在冥想时，反而做不到了。我一心渴望能走在那些有鲜花有松鼠的街道上，想去见见朋友，或者想起当天的一些趣事而暗自发笑，又或者只是昏昏欲睡而已。我的大脑完全没按照冥想的要求来。当我强行将思维按照要求引回冥想的正途时，也没有感到开心。

我有充分的理由解释为什么我不喜欢冥想，其中一个理由来自我的朋友埃里克·萨松（Eric Sasson）。他说，我就像个运转良好的发条娃娃，每天早上醒来，我都拧紧发条，干劲十足，到处奔走，很高效，也乐在其中，随着一天的结束，发条松弛下来，继而上床睡觉，恢复身心，第二天早上一睁眼，再度上紧发条，“你做事、做事、做事，然后睡觉、睡觉、睡觉，从这两件事中你已经获得了你所需的所有能量和休息。你天生就不是冥想的料儿”。

我的另一个理由是冥想可能更适合那些有特殊需求的人，这类需求（万幸）在我的生活中并不常见。譬如，丹·哈里斯之所以开始冥想，是想治疗他的焦虑症和成瘾问题。他指出，还有一些人用冥想来抑制怒火或者控制冲动。要是我的生活中也一直存在类似的问题，或许也会爱上冥想。但鉴于我几乎没有这些困扰，冥想之于我就像一场画蛇添足的手术。一如《循规蹈矩》的创始制作人卡梅隆·德鲁兹（Cameron Drews）说过的那样：“克莉丝汀最不开心的事，莫过于有的书想要矫正她压根儿没毛病的地方。”

最后一个不喜欢冥想的理由与我的个人经历有关，身为有色人种和一个受过虐待的女性，我常被告知最好保持安静、保持沉默，而事实上这样做根本没用。所以，我厌恶听那些自以为是的专家告诉我沉默的力量。我人生中最大的力量就是敢于说出来、站出来。再没有比沉默让我觉得更害怕、更失控的事了。生命的力量不在我的脑海中，而在我能感受到与外部世界紧密相连。

不管到底是出于什么原因，我都不喜欢冥想。

乔兰塔的体验与我稍有不同。按照哈里斯的书生活时，她确实看到生活有了一些改善。当她发现自己因为焦虑或愤怒而陷入负面情绪的旋涡时，她会停下来默念新学的咒语——“我是大女皇，我已经把这堆烂事封印了”——这样做可以帮她打破惯性思维，换一种角度应对问题；当她想要学着更富同理心时，书中介绍的练习能恰到好处地帮她达成所愿；当她想要放松时，在电视机前的沙发上就能进行的懒人冥想，可以让她进入一种幸福的状态。

不过，乔兰塔也发现，有些冥想练习不尽如人意且无聊到让她浑身不舒服（小提醒：有些冥想姿势可谓僵硬至极）。她也不认为冥想是包治百病的灵丹妙药。而且，和我一样，她听腻了那些冥想爱好者们武断地认为，冥想能解决一切问题。

当然，如果你是冥想的狂热拥趸（或者只是一个爱好者），请允许我在此重申：你大可尽情冥想。我希望它能带给你快乐。但它不适合我，乔兰塔也只是有时受用罢了。

亲爱的克莉丝汀与乔兰塔：

你们误解冥想了。学校、监狱和医院都引入了冥想，因为它真能帮助人们在压力乃至危及生命的情况下凝心聚神，有助于减少暴力和焦虑。你们讨厌冥想，就是在讨厌科学。

——KW

亲爱的KW：

我完全同意你的科学观点，冥想确实有好处。如果你也能从中受益，那真是太棒了！我甚至有点嫉妒你。

但冥想也给我和克莉丝汀带来了疲劳和失望，而非充实。虽然我们可能是少数派，我们的生活也不至于濒临坍塌，冥想所带来的好处，我们可以借由其他生活方式获得。

克莉丝汀喜欢在上班前出门散散步来获得舒畅感，我喜欢在晚上聚精会神地做些钩编。我们有我们自己的方式，哪怕它们不似坐下来冥想那般强大，但它们适合我们。

另外，如果你想听听专家的意见，这里有一封节目听众的来信：

我是一个练习并教授正念冥想的临床心理学家。从我练习正念冥想的经验来看，冥想有着神奇的功效，但我依然质疑人人都需要冥想的说法。我认为大多数人的生活中都需要两样必不可少的东西，而正念冥想是获得这两样东西的好方法，但绝不是唯一。

第一样东西：关注自身“存在”的能力，活在当下，而不是一直处于“做”的模式中。因为“做”的模式，不一定是实实在在地完成某件事，还可能包括注意力分散、过度思考、迷失于过去和未来、迷失于各色假想、担忧与迷恋之中。但所谓的“存在”心理状态，需要全身心地活在当下。

第二样东西：从自己的思想和情绪中抽身的能力，转而关注当下正在发生的事，分清哪些方法对你有效，哪些无效，从而摆脱不知所措，找到应对和改变的方法。有些人能自然而然地做到这些，而大多数人可以借由某种方法来完成，譬如写日记、绘画，或者找个亲近的人聊聊，听对方直言不讳地说：“嘿，你的老毛病又犯了，别纠结了。”

我不希望任何人以为，如果他不能像丹·哈里斯那样每天抽出两小时来冥想，就会注定错失一些其实任何人都可以免费得到的东西。

——E

——乔兰塔

承认自己是个骗子 | 乔兰塔

我还是个年仅四岁的小屁孩时，也是一个很会撒谎的小孩。穿着奥什科什[①]的背带裤，面不改色心不跳地撒谎——每当幼儿园里有大人问我叫什么时，我总说我叫劳拉。

即便只有四岁，我也知道自己的名字很少见。每次自我介绍时，周围人都会异口同声地说：

“等等，你这名字怎么念啊？”

“哇，好奇怪的名字。”

“噢，这名字真是与众不同。”

几周后，我厌倦了这种“与众不同”。于是我选了一个好听的80年代末常用名——劳拉，此后再有人问起，我就叫劳拉。

不过，这是在撒谎，故意欺骗他人。撒谎不是什么值得夸耀的事情，通常也不会带来好结果。真相大白时，被骗的人往往觉得被

① 奥什科什 · 比哥什（OshKosh-B'gosh）：全美最知名的童装品牌，已有上百年历史。——译注

背叛了，非常难过。除非是为了准备惊喜派对或者意外之礼……这类谎话倒无伤大雅。但正如我方才所言，撒谎是种选择，这种选择只会让事情更糟。我因为谎报姓名，导致别的家长问我妈“是不是劳拉的母亲”时无比尴尬。而且情况还可能更严重，假如我受了伤或者出了急事，幼儿园的家长志愿者就会在联络簿里疯狂翻找劳拉的紧急联络人，只因小乔兰塔那天选择了说谎。你明白我的意思了吧——不要撒谎。除非你是要给你所爱的人惊喜，否则真没必要撒谎。

我为何要大谈撒谎呢？因为心理自助书总爱说它们的忠实读者是骗子。我们在节目第四季里践行的瑞秋·霍利斯的《女孩，洗把脸吧》就很典型。

霍利斯是四个兄弟姊妹中年纪最小的，她成长于一个由白人工人阶级组成且相对闭塞的基督教福音派社区。她说自己童年时备受照顾也历尽伤痛，一心只想尽快离开这里。所以她提前从高中毕业，17岁时去好莱坞开始新生活。头两年，她就职于米拉麦克斯影业（Miramax），接触了许多有头有脸的名人，并开始与她未来的丈夫交往。

时至今日，瑞秋·霍利斯不仅创办了自己的活动策划公司，还是个颇有名望的博客作者，出版了许多书。在《女孩，洗把脸吧》一书中，霍利斯强调她的生活是可以复制的，只要我们选择不再对自己撒谎，就能活得开心。在她看来，生活得不快乐，其实是我们自己的错。

为阐明这一观点，她逐一列举了自己欺骗自己的十几条谎言，以及这些谎言如何令她不快乐。她列举的谎言包括：

- 我的幸福来自外在
- 我始终不够好
- 我永远是对的
- 我的感情生活决定了我的自我价值
- 我是个不称职的母亲
- 我不够聪明
- 我毫无魅力
- 我应该再瘦一些，才值得被爱
- 我被过去的创伤所定义
- 我得靠酗酒、吸毒、自暴自弃才生活得下去
- 我需要有人来拯救我

这个列表充斥着自我毁灭的情绪，对此我表示同意。持有这些消极的观念，肯定会降低生活质量。如果你想要享受生活，那么也不该相信这些贬低自我的想法。

但问题是，这些观念绝不是我们有意编造出来欺骗自己的谎言，

这与我故意说自己叫劳拉不同。这些错误的、妄自菲薄的观念渗透进我们的大脑，变成执念，并不是我们有意为之，没有人会不分青红皂白地用这些谎言给自己的人生添堵。

这些谎言也许是潜移默化地灌输给我们的。我们生活在一个由广告、大型企业和消费主义营造的世界里，它们合力将这些自我怀疑的假象植入我们的头脑里。而它们这么做的理由很简单，无非是利用我们的不安，刺激我们通过消费来解决那些问题。

那些贬低自己的谎言并非由你编造的，而是有人故意说给你听。你长期受此影响，然后信以为真。这怪不到我们头上，别人将谎言包装成真相呈现给我们，害我们上当受骗，有哪本书敢因此指责我们？那岂不成了典型的谴责受害者吗？让人们为破坏他们生活的观念或偏见负责，不过是另一种压迫弱者的方式罢了，绝不可能让人提升自我。而且，这也是一个相当偷懒的建议，在我看来，霍利斯只不过是找到了对自己行之有效的方法，然后就开始推而广之，自称这个方法可以帮助形形色色的人。而作为一个具备传统魅力的白人直女，霍利斯可能永远不会遇到那些被她贬低为“自限性思维”的障碍。

这种观念还出现在了许多其他书中。之前说到《早起的奇迹》时我也提到了这一点，该书认为我们应该先承认自己的平庸，再开始自我完善。还有超级畅销书《重塑幸福》，我和克莉丝汀在按照这本书生活时，它要求我们做的第一步就是对生活中发生的每件事负责，不论究竟是谁的责任。

作者认为，我们虽无法控制事情的发生，但可以控制自己看待问题的方式和应对方法。就这么简单！所以，我们越是勇于在生活中承担责任，就越能争取更多控制权。

我们并不认同。因为别人的行为和想法而自责已经够让人难受了，更何况我和克莉丝汀还发现这本身就是一种自我毁灭。

按照堂·米格尔·路易兹的《四个约定》生活时，我们与这些责备式的自我提升方法来了一场正面交锋。书中列出了四条“约定”，这些约定能帮我们看清并解决心中那些令人郁郁寡欢的自限性观念，从而驱使我们走向自由、幸福和爱。

其中第二条强调勿受他人影响。作者认为别人的所作所为与你无关，那是他们自己的事。正因如此，不论别人认为你是难得一见的千里马，还是最臭不可闻的垃圾都不重要。你过你的生活，别人如何对待你，都与你无关。同理，如果别人对你说“你伤害到我了”，那也是他们自己的问题，是他们让自己被你伤害到了。

我一直以来都很容易把别人的话放在心上，所以读了这段后立刻决定一试。受人影响的滋味的确不好受，我也不喜欢和自己过不去，而且很多事往往只是误会而已。但后来我开始反思受人影响其实也促成了很多事，它可能改变了法律，改变了我们的生活。抗议和社会运动正发自那些被不公平行为所伤害到的人，而这条建议更像是用来压迫他们停止抗争。

最让我生气的是这条建议深深地伤害了克莉丝汀。在我们实践过的所有书中，这条建议最令她深恶痛绝。克莉丝汀是个近乎完美的人，她优秀、快乐、富有感染力，她之所以能这样，全因为她曾拼尽全力去弄清童年时所遭受的种种痛苦都并非自己的错。而这条建议则要求她放弃以往的所有努力，责怪自己是个软弱无力的孩子，只能任人宰割。

打着“变更好”的幌子，提出了多么残忍的建议。

我们之所以会受他人影响，因为这些事本来就与我们息息相关。哪怕别人真是无心的，那又如何？无论加害者是否有意造成伤害，伤害都已然造成了。我学不会这套“与他人无关”的说辞，也厌倦了因为太在乎他人言行而感到羞愧——人都是有感情的，有些事就是很伤人。我们何不将惩罚自己太过玻璃心的时间，换个方式利用起来？或许这部分精力正可以用来自我治疗或者多为别人考虑一下。

按照《四个约定》生活时，我总想起高中的体育老师，他嘲笑我的身材，粗暴地对待我，而且非常明显地针对我，这对我造成了极大的伤害，而我完全有权利按照自己的意愿去处理这件事。一个德高望重的老师拿一个无能为力的孩子撒气，比起告诉自己我不该蠢到一直被这件事影响，坦白自己深受影响，其实更让我如释重负。

在自我价值和是否值得被爱的问题上，你被灌输了很多谎言，而任何为此责怪你的建议都不可取。对于克莉丝汀这样的人而言，他们拼尽全力才走出过去的创伤，好不容易摆脱了家人和强权者们的虐待，而这种从自身找问题的建议无异于二次伤害。

正如我们按照《四个约定》生活时，克莉丝汀在书评中写道："这简直就是有病……指望人们揭开所有的旧伤，然后说'嘿，伤害过你的人没做错什么！他也不知道会搞成这样！'"

那些超出自己控制范围的创伤事件，那些被强制塞入我们脑内的自我贬低，都不该成为我们自责的理由。社会不公、种族主义、人身攻击、带有性别歧视的审美标准，以及其他为了维系社会经济结构而设置的种种障碍，它们才是罪魁祸首。这些谎言大多以这样或那样的形式代代相传。因此，任何一本心理自助书都不应该让读者为这些谎言承担责任。

与其为他人设下的骗局而自责，我希望能有更多书指导读者探索限制我们前进的根源。没准儿我们能找出那些谎言真正的源头，冲它发泄一通，然后像除杂草一样一把拔掉。

不过，还请不要撒谎。

亲爱的克莉丝汀与乔兰塔：

我只是想说，如瑞秋·霍利斯之类的作者都是福音派基督徒。在福音派基督教中，我们必须承认自己的罪过、错误，当然还少不了说过的谎话。这是一心向好的第一步，忏悔是信教的核心。

——EC

亲爱的EC：

我们绝不是反对忏悔。我们都会犯错，伤害别人的感情，逃避自己的责任。就在昨天，我还冲丈夫发了脾气——不是因为他真的惹到我了，仅仅因为我当时又饿又烦。当然，后来，我跟他道了歉——若行为不当，我们理应忏悔。关于这一点，请参阅“学会有效地道歉”那一章。

话虽如此，我和乔兰塔仍相信做错事忏悔和以“我是个大骗子”为出发点改善生活，两者是有区别的。后者是一种自我责备、评判。而且每个人看待谎言与真话的标准各不相同，这很可能就是个伪命题。

许多心理自助书的作者都这么建议过，不论他们是不是基督徒。给出这样的建议，很容易让人觉得他们在否定我们。先彻底击垮我们，再重塑我们，然后向我们兜售一堆昂贵的在线课程、生活辅导、专题讲座。

当然，不排除有些作者乐于成为骗子，打从心眼里相信唯有骗读者才能升入天国。如果是这样，那好吧，我们无意夺走别人的信仰。同理，EC，我们也无意夺走你的信仰，但我和乔兰塔的确不是同道中人，暂时也不会利用信仰到处去骗人。

——克莉丝汀

节食 | 克莉丝汀

说句毫无科学依据但我百分百相信的话：如果节食真能让人快乐的话，那么每位美国女性最快乐的时光，一定是她们尚未被节食广告洗脑前。

在我成长的过程中，这类信息就没消停过，尤其是那些爱我的人非常热衷于此。我母亲和婶婶一直在节食，从靠葡萄柚节食到靠白菜汤节食，再到吃白饭节食，最后还有各大品牌推出的代餐食品。一旦成功减掉几斤肉，她们就会庆祝一番。而后体重不可避免地反弹，又让她们悲痛不已。过不了多久，她们就会找到新的节食办法重新开始。

我外婆虽然没怎么节食，但她对自己和别人的体重一向很挑剔。她每天早上都要称体重，且非常自豪于自己成年后的衣服尺码从未变过。她经常点评别人的身材和“不尽如人意的部位”，不管这些人是在电视里还是在超市里。家里的女性更是她最常监督的对象，几乎每个星期都能听到她说：“你确定要把这些通通吃光？”

就像很多在类似家庭中长大的人一样，我很早就意识到自己的体重是个需要关注和矫正的问题，包括杂志、电视等大众媒介也在传播这种观念，导致我憎恶自己的身体，认为它应该变得更讨人喜欢，而最好的方法就是节食。但我注定会失败，然后不得不从头再来。

可是，我做得很好。我从三年级开始记录自己的饮食，计算每一餐的卡路里。我拿自己的身体去和其他女孩作比较，包括我那瘦骨嶙峋的姐姐，虽然我们没有血缘关系，毫无可比性可言。我先是挨饿，然后暴饮暴食，最后全部吐掉，也曾试过用抽烟代替吃饭，且每天至少称三次体重。直至高中的某个春天，我减掉了30磅，大约是我总体重的25%。家里的女性都很兴奋，我也不例外。

大学期间，我与体重的战争仍在继续，深陷挨饿、暴食和催吐的循环之中，或靠吃减肥药，但凡我能想到的减肥方法都试过一遍，但体重依旧反反复复。

大学毕业后，我从明尼苏达搬到了纽约。渐渐地，我开始减少对自身体重的关注。这种转变或许是因为我远离了家里的女性，听不到她们没完没了地谈论体重；或许是因为我不再看那些高呼要减肥的电视节目和杂志；又或许是因为我结交了很多身材各异的朋友，他们都很喜欢自己的身材，而我也觉得他们很美。

还可能因为我在动身去纽约前，曾和一位心理咨询师深入谈论过我对自己感到不满的其他原因。除此之外，或许因为我到了一个全新的地方，开始全新的生活，有机会成为我想要成为的任何人，这都让我兴奋无比，因为生活中有无数件比体重秤上的数字更有趣的事。不过最重要的是，纽约让我有机会欣赏自己的身体，不仅欣赏它的样子，也欣赏它所拥有的能量——我的双腿每天带着我穿梭地铁站，上下数百级楼梯，在人行道上步行数英里。

我真的说不清究竟是什么终止了我的节食、暴食、催吐的循环，并卸下我对体重的执念。但我很确定，自从不再关注自己的体重后，我快乐多了。我不再时时刻刻地计算卡路里或大腿粗细，转而开始关注这个世界，大脑有了更多自由思考的空间，视野也不再局限于一隅。最重要的是，我跳出了失败的死循环，感受到了一种解脱。

是的，这就是我对节食的看法：失败的死循环。节食无法让你达成所愿，它只会让你陷入一个不变的循环中：憎恶你的身体；决心减肥；节食；当有人发现你在节食时死不承认，解释说这是一种“生活方式”或者“饮食计划”；减掉一丁点儿体重；无法坚持节食后体重反扑；觉得自己一无是处；从头再来。

你注意到我们撒谎说自己没在节食的那一步了吗？我想那是因为我们心知肚明节食根本没用，所以不想承认。我们似乎天生就该身材苗条……因为苗条更好看？因为苗条的人更聪明？更招人爱？更自律？至少那个17岁患有暴食症的我，就是这样认为的。

事实上，一心只想变瘦的女人缺乏内在价值。我明白这一点，乔兰塔也明白，我相信大多数人心里其实都明白，但减肥书无处不在。为了实践所有类型的畅销心理自助书，我和乔兰塔选择尝试一本与减肥有关的，最终我们挑中了米雷耶·吉利亚诺的《法国女人不会胖》，因为这本书无需节食！且在众多畅销减肥书中，这本书的目标并不算夸张。书封上写着，本书意在享受饮食之趣，而非计算卡路里；意在品尝美味佳肴，而非将所有食物打入冷宫。

所以，当我和乔兰塔都因假期而胖了几斤后，我们决定体验一下这本书。加之很多听众也希望我们测评一本减肥书，反正只坚持短短两周，能有多大杀伤力呢？

结果，伤亡惨重。

按照书里的要求，我们开始记录自己吃了些什么，包括每餐饭、每种零食、每杯饮料。尽管这本书只让我们称食物的重量，不必记录每种食物的卡路里，但我发现自己以前减肥时的旧习惯全都卷土重来了，我开始记录每一大卡，将所有咽下的食物都换算成卡路里，这是碳水化合物？还是蛋白质？记录饮食很快就演变成了记录我的所有活动，我每天燃烧了多少卡路里？燃烧得够多吗？或许我该再走个三英里。

毫无疑问，我们还开始称体重了，尽管这本书强调切忌成为体重秤的奴隶。但因为听众很好奇我们体验这本书前后的体重变化，所以我们称了重。为了确保数据准确，我又称了一次，然后一次一次又一次。短短几天，我每天都要称几十次体重。即便在朋友家做客，也会溜去浴室偷偷使用朋友的磅秤。显而易见，我的强迫症发作了，而这正是该书教我们要避免的。

紧接着，我们迎来了书中所说的“艰难的周末”。作者建议我和乔兰塔煮一锅韭葱，然后只喝韭葱汤。如果我们饿了，可以吃点煮过的那些韭葱，要是实在饿得难受，可以在煮熟的韭葱上滴点橄榄油。

我不想委曲求全地吃韭葱和橄榄油，我想硬抗过去。但这个“艰难的周末”才过了一半，我就再也忍不了了。但我并没有吃淋过橄榄油的韭葱，而是作弊吃了一片生菜和两片泡菜。吃完我忍不住哭了起来，显然才刚开始实践这本书，我就已经失败了。

“艰难的周末”结束后，我们又可以恢复进食，但书中推荐的食谱里全是油、奶制品和肉，这三样东西我都不是特别喜欢。

更糟糕的是，这本书打乱了我的吃饭时间。书中要求我们吃早餐、午餐和晚餐，但不要在睡前加餐。可我一向不吃早餐，早上醒来后，通常需要花几个小时来酝酿食欲，然后直接吃午饭。另外，从很小的时候开始，我就习惯晚睡，所以在晚餐之后睡觉之前，我会吃一些西兰花、爆米花或者其他松脆爽口的东西。

总之，这本书要求我颠覆曾经的用餐习惯。突然间，我不得不起个大早，然后强迫自己在不饿的时候进食。这个改变也让我的消化系统变得奇怪，一天之中每分每秒，我都感到很饿，满脑子都是我吃了什么、什么时候吃的、吃了多少。而在此过程中，我还会抓住一切机会称体重。

刚过了半周，我就打电话向乔兰塔哭诉，因为吃早餐对我来说实在太痛苦了。她建议我打破那些规则，或者变通一下，“你只需要把你的午餐、晚餐和睡前加餐，重新命名为早餐、午餐和晚餐就得了。”

我照她说的做了，但还是感觉快被逼疯。我嘴上说的、心里想的全是食物，眼神里都透着一股疯劲，整个生活都围绕着我能吃什么、不能吃什么。第一周结束时，我的丈夫开始强制干预并希望我放弃，因为他比谁都清楚这本书正在伤害我。

我哭着和他达成了协议，尽可能地不拘泥于这本书的要求，但我认为自己有责任坚持到最后，哪怕只完成一部分，这样我们才能向听众证明：看看我就知道了，即便是最“健康”的饮食计划也可能害人不浅。

至于乔兰塔，她的日子要稍微好过一些。在照这本书生活前，她经常在不知不觉中吃掉一整盒奶酪饼干，而在实践这本书时，她更关注自己的身体，开始留意什么时候是真的饿了，什么时候只是嘴馋而已。总的来看，整个体验过程对她来说仍是一场不必要的折磨。尤其是在“艰难的周末”即将结束时，仅仅因为在煮熟的韭葱上滴了几滴橄榄油，就能让她高兴得大哭。没人应该让自己饿一整个周末，然后为吃下10卡路里的橄榄油喜极而泣。首先，谁也不该让自己饿着。

两周结束后，我和乔兰塔称了重，发现我们都瘦了几斤。虽然略有好处，但乔兰塔仍旧认为节食不健康，我们在那两周里所受到的创伤远远超过了减掉的那点体重。接下来的好几周我仍深受其害，即便我们已经进展到下一本书和下下本书，我仍在记录每一餐，并在每天称无数次体重。

虽然如此，但我的体重还是回来了。几周后，我的体重甚至超过了践行那本书之前的重量。毫无疑问，我对自己失望极了。

“你确定要把这些通通吃光？”一个消失多年的声音又浮现在我的脑海中。

我究竟对自己做了些什么？

亲爱的克莉丝汀和乔兰塔：

有些人是真心实意地想要变得健康和拥有好身材。有些人就是喜欢穿小号牛仔裤。把健康放在首位的节食，真的会让有些人更自信！

——GK

亲爱的GK：

只要能保证健康，就努力做你喜欢且让你的生活更美好的事吧！我全力支持你。

但我反对用“健康”作幌子，强迫身体去适应不公平的标准，这些标准往往带有性别歧视、种族歧视或其他歧视意味。只要不将健康与体重画等号，我都可以接受。我心目中的健康是，不将瘦视为健康的唯一标准，明白体重只是体重，它无法反映一个人的道德缺陷或人格力量。这种健康很不错，更能体现每个人的活力！

而且，我不喜欢有人建议我穿哪个尺寸的衣服更好看，或建议我以某种特定的方式打扮迎合大众审美。这不是什么健康的建议，而是我们无需理会的偏见。

——乔兰塔

用性别定义人 | 乔兰塔

我从不认为自己“擅长”恋爱，一生中唯一正经交往过的男友，就是我现在的丈夫布拉德。遇到他之前，我的生活中只有一些或长或短的露水情缘。

决定和布拉德交往后，我依然不会恋爱，因此做了许多粗鲁、伤人的事，有时连自己都很惊讶我们居然能坚持下来。

以下是我在恋爱中做过的一些事，劝各位千万不要效仿：

- 断断续续地跟对方暧昧了一年
- 亲热过后，以“我不想让我室友看到，太尴尬了”为由，在凌晨四点把对方赶出家门
- 在确立恋爱关系前，偷偷登录对方的邮箱，查看他与前任的信件
- 准备感恩节大餐时与对方争吵，一怒之下把整锅馅料掀翻在灶台上
- 唯有手术结束后从麻醉中醒来，才有勇气同意与对方同居

- **偷偷试戴对方藏在床头柜里准备求婚的戒指，结果发现尺寸太小，于是在对方求婚前，想尽一切办法疯狂暗示自己的手指粗细**

所以，当我们决定在节目中尝试能提升恋爱技巧的畅销书时，我相当兴奋。

我们选择了约翰·格雷的《男人来自火星，女人来自金星》，有史以来最畅销的恋爱指南之一。这本书出版于20世纪90年代初。当时我差不多六岁，经常在书架、茶几以及每对父母放在浴室的杂志筐里见到过它。在我眼中，这本书就是成熟的象征，读过这本书后，我就会步入真正成熟的两性关系，成为一个真正的大人。一如先前所言，我拼命想找到更成熟、更有效的方式与我的伴侣沟通。可惜，事与愿违。

读完这本书后，我极度失望，气急败坏地跑到男朋友（当时还没结婚）布拉德跟前，和他展开了下面这样一段对话：

乔兰塔："这本书说，'接受这个现实吧——男人来自火星，他就像个火星人'，可我希望我们两个都是地球人。我不觉得自己……"

布拉德："不可理喻？"

乔兰塔："不可理喻、片面偏激或把你当成小孩对待。这本书教女人'把男人晾在一边就好了，让他自己想明白。等他准备好了，自然会展翅飞翔’。但拜托，他是我丈夫！不是我小孩，不是雏鸟，更不是火星人！而且这是在替男人开脱，我觉得它无异于在说：‘对，假装听女人说话，让她觉得自己被认可了就行了。’书里从没说过要真的认同女性，只是做出一副同意的样子，然后让男人继续忙他自己的。难道（拍桌）女人（拍桌）就不能得到一些（拍桌）认可吗！你明白我的意思吗？”

布拉德：“嗯。”

乔兰塔：“你觉得我在拿你撒气吗？在教训你？”

布拉德（点头）：“我很郁闷。”

乔兰塔：“为什么？我只是被这本书气得不行，没生你的气！”

布拉德：“因为你从书里得出的结论是，布拉德是错的，我是对的。”

乔兰塔：“不！我的结论是女人怎么做都是错的（声音开始颤抖），不论做什么（开始抽泣）都要迎合男人（泪如雨下）；而男人对待女人的方式就是无视，除非她改变自己的一切（依旧抽泣不止）。”

布拉德：“改变一切？”

乔兰塔（轻轻抽泣）：“书里就这么写的！它暗示女性‘你搞错了沟通方式，所以得不到你想要的（缓缓垂泪），因为你就是个不讲理的泼妇’。我每次与你起争执，是为了被倾听、被认可。然而这本书却跳出来说‘乔兰塔你错了’，因为我的这些需求不可能实现。”

布拉德：“我同意，这本书的确不够尊重女性。”

在恋爱关系里，如何舒服地表达我的想法、需求和恐惧？如何控制情绪？《男人来自火星，女人来自金星》没有提供任何有价值的建议，反而利用男人和女人根本不是同一物种这个观点（确切地说，是来自两个不同星球的外星人）展开性别歧视。全书通篇都在为男人开脱，说他们天生沉默寡言，不擅长交流，女人不应该指望他们能处理情绪、表达情绪。

这种泛泛之谈毫无用处，在我看来，这个理论虚有其表，靠想象出的理论来掩盖不论性别（性别只是一种由社会建构的概念）人人都独一无二的事实，或其他不符合主流思想的想法。一句“我们天性如此”说来何等轻巧，而真正困难的是去追问“奇怪，我们的社会为什么要让身为女性的那一半人觉得处理自身情绪是软弱的表现？这种不成熟的想法似乎伤害了不少人”。

我想要弄清生活和恋爱中的问题时，不希望别人用性别歧视来搪塞我。但你猜怎么着！带有性别歧视的建议不只出现在这一本书里。兰迪·扎克伯格在《选3哲学》中提出了这样一个观点：女性获得更高成就的最好方法是，假装有能力兼顾事业与家庭，但心里早已权衡出孰轻孰重。我和克莉丝汀读到这一段时相当失望，因为这本书从未真正谈及女性为何必须“兼顾事业与家庭”。

难道不是因为社会对女性的期望更高吗？女性理应是完美的主妇，丈夫的坚实后盾，尽责的母亲，有义务留守家中的保姆。建议女性假装将所有这些事处理得游刃有余，只会雪上加霜。也许是我太天真了吧，但希望我测评这些书的直观感受将比这种建议有用得多。

亲爱的克莉丝汀与乔兰塔：

我是婴儿潮①时期出生的女性，或许因为年代的关系，我们这一代的男性与女性确实被区别对待。我们的成长方式各异，学到的沟通方式也不一样，我们在不同的社会期望中长大，从出生第一天起就开始学着扮演不同的性别角色。基于以上种种原因，男人和女人——至少在我这一代——难道不是天生不同吗？

——OP

① 美国婴儿潮指第二次世界大战后出现的生育率大幅提升的现象，从1946年至1964年横跨18年。——译注

亲爱的OP：

我们都是时代和环境的产物。没错，你成长的年代对于什么是真男人、什么是真女人有很多硬性规定，有些很难摆脱，有些则更是根深蒂固，以致很难区分哪些是“天生的”，哪些是社会赋予的。最重要的是，假如你试图摆脱性别角色，又会被社会孤立。人们可能更喜欢你维持原样，就像他们自己也宁愿维持原样一般。

话虽如此，但人总是在变的，社会亦然。OP，也许你上学时女生都穿裙子不穿裤子，但现在你可以随心所欲地换着穿了，不是吗？也许你那个时代的男性自幼认为女人下厨天经地义，但现在做一餐美味佳肴或许已成了男人最大的爱好。改变往往潜移默化，我们很难察觉，但一切确实在改变。

最后，虽然社会普遍认为性别是天生的，但事实并非如此。不错，我们生来就具有生理上的性别特征，但那些特征并不意味着我们只能认同相应的性别角色。有些人拥有睾丸，却认为自己是女性；有些人拥有阴道，但自视非男非女。性征和性别角色错综复杂，貌似天生，实则不然。

——克莉丝汀

原谅 | 克莉丝汀

我们实践过的大部分书都提到，原谅是通往内心安宁的关键。这些书通常说，我们要原谅的其实是自己，而非伤害过我们的人。原谅，就是将那些人从我们的心里赶出去，从而卸下过去的枷锁。

书中提及的原谅形式也五花八门。大多数书认为，原谅意味着放下我们遭受创伤后产生的愤怒与痛苦。另一些书觉得，原谅就是宽恕他人。还有一些书将原谅等同于感恩，比如，我们应当感谢那些伤害我们的人，正是他们造就了今天的我们。堂·米格尔·路易兹的《四个约定》还号召大家从施虐者的角度看问题——受虐儿童应该认识到，伤害他们的那些人或许也曾是受害者，因此不能怪他们。

我想对这些观点说一句："见鬼去吧。"

先从放下痛苦与愤怒那招说起。我认为，感到痛苦和愤怒是面对创伤时的自然反应——受害者理应如此，受害者的亲人也是。若我们假装这些情绪不存在，要么是在否认现实（最好的情况），要么就是具有反社会人格（最坏的情况）。

在我看来，我们对愤怒的认知过于负面。在很多情形下愤怒是正当的，正是愤怒促使我们积极行动起来，争取种族平等、废除伤害妇女的法条、重视儿童保护，或者远离那些伤害我们的人。

需要说明的是，我不是指在非理性的暴力行为中表现出的那种暴怒，也不是时时刻刻地冲周遭发火。但心理自助书却常告诉我们，任何程度的愤怒都是危险的，哪怕是深埋地表之下、大部分时间都处于休眠状态的些微怒意。这些书认为，任何一种愤怒都会将我们吞噬殆尽，阻碍我们成为最好的自己。

我和乔兰塔心中也有愤怒，但我们并没有因此被毁灭。比如我很气曾经有一个朋友三番五次地想勾搭我当时的男友，乔兰塔很气高中时一直骚扰她的体育老师，最让我生气的还是我父亲和继母，在我成长过程中他们做过各种暴力且令人作呕的事。我和乔兰塔心中的愤怒不同于那种日常的小脾气，这种愤怒逐渐变成看到别人受到伤害时油然而生的正义感（如果你想看看乔兰塔暴走的样子，只需去伤害她所爱的人）。

接下来再说说原谅的另一种形式，宽恕他人。我完全同意在日常生活中使用这种方法。例如，有人在地铁上因为不小心踩了我一脚而向我道歉，我绝对会说“没关系”。弄错了我的名字、迟到五分钟、打碎酒杯，或者其他什么无心之过也都一样，我们都会犯错，有什么大不了的呢？

但若是更严重的伤害，我无法说出“没关系”和“别在意”，你不能故意在身体或精神上伤害我和我爱的人，不能因为我的性别或种族剥夺我的权利，不能践踏我和其他人的人格。要是你让我对自身价值产生了可怕的怀疑，我也绝不会说句“没关系”了事，好比那个在我成长关键期反反复复说我一无是处的人，我永远不会对他说“没关系”。

对于宽恕他人这招，书中也存在一些争议。有些书认为，一旦说出“我原谅你了”或“没关系”，你会感到愉悦并不再为这件事焦虑。另一些书则认为原谅犯错之人是种仁慈，让他们有机会改过自新。当然，也有书认为宽恕能将所有恩怨一笔勾销。毫无疑问，我不同意这一点。如果真的酿成大错，一句“没关系”无法让一切烟消云散。而且很多时候，我并不希望恩怨一笔勾销。我希望做了坏事的人每天都能好好想想自己犯过的错，并为此忏悔。而至于乔兰塔，她对此的感受比我更强烈（千万别招惹乔兰塔）。

再来说说把感恩当作原谅。我们应当感激造就自己的一切吗？这个方法的支持者认为应该，因为逆境让我们能对境遇相当的人产生共情，同时加深对自己的了解。但我认为这个想法也有其局限性。不错，有些逆境是会让人更富同理心，思考得更深入。可如果这个逆境变得再难熬一些，就很难说了。

说实话，我不希望我所遭受过的虐待发生在别人身上，更不希望它发生在年少时的自己身上。我无法对这些逆境心存感激。那些支持者能说出原谅有多少种好处，我就能说出原谅有多少种坏处。把原谅当成感恩，不仅混淆了爱的正确表达方式，还令人疯狂怀疑自身价值——正因为这些坏处让我接受了许多年的心理咨询。而乔兰塔也一样，她对遭受过的虐待毫无感激之情。

最后来谈谈理解。如果我们试着去理解那些伤害过我们的人，我们会更快乐吗？如果我们把他们的恶行归咎于他们自身的不幸，我们就能获得内心的宁静吗？

某些情况下，我认为有可能。打个比方，假设有人山穷水尽、饥肠辘辘，从我的商店里偷了一个面包，这种情况我可以理解并原谅。假设有人自幼没人教他理财，欠了我一点钱，我也可以原谅。这些与暴力无关的错误，我通常可以理解。

但对我来说，理解也就到此为止了。我永远不会期望强奸受害者去理解强奸犯的立场，如果有人认为受害者应该理解，我觉得这才是残忍至极。

同样，我永远不会去理解一个虐待儿童的恶人，而如果我就是那个恶人，我也不指望别人来理解我。我不希望他们说，“嘿，她小时候被人虐待过，她伤害别人情有可原。”成长于一个糟糕的环境，并不意味着可以理直气壮地让悲剧在别人身上重演。

看到这里，你可能会觉得：“天哪，克莉丝汀是个冷酷无情的怪物。她心里那么苦，一定活得很不快乐了吧。”对此，我要说：恰恰相反！我过得超级快乐。我有乔兰塔这样的挚友，有爱我的家人和丈夫，在我需要时他们会不顾一切地帮助我，而且我每天都能发现这个世界的美好。

我不会像信天翁[①]一样背负着过去的痛苦，不会拖着愤怒的脚链走来走去。我没有被过去的创伤所束缚，没有因为不肯原谅一些人和事而无法前行。

我的朋友兼《循规蹈矩》的创始制作人卡梅隆·德鲁兹曾明智地说过：“在无条件地原谅和背负痛苦之间还有很多选择，我们不必非此即彼。”

确实如此。我们可以选择不去祝福那些伤害过我们的人，同时让自己生活幸福；我们可以选择不去感谢那些伤害过我们的人，同时对我们现在的生活心存感激；我们可以选择对那些虐待过我们的人留有怨愤，同时依然有颗充满喜悦的善良之心。

---

① “albatros”既有大型海鸟信天翁的意思，也有枷锁、重负之意，作者这个比喻是一语双关。——译注

世上充满了中间地带，而我由衷地相信，不走极端的生活才是更好的生活。如果你执意要走，那就尽管去吧。但我不打算那么做，因为我这颗选择不原谅的心已然非常平静。

亲爱的克莉丝汀与乔兰塔：

如果你不原谅别人，无异于惩罚自己！我求求你们二位，为了自己选择原谅吧！

——RH

亲爱的RH：

抱歉，我不同意你的看法。我试过那套原谅的方法，在一些小事上很奏效，在大多数我信任的人身上也很奏效。因为这群我最亲近的人会无条件地支持我，我们的关系建立在坚实的爱与坦诚的沟通上。但若我确信对方是出于恶意或私利来伤害我，而他又只把他恶毒的一面展现给我时，原谅就不起作用了。

或许我不像你那么宽宏大量地原谅一切。但我发现说出我的故事，用我自己的方式来解释它，理性分析某些人和事对我造成的伤害，这些方法帮我克服了怨恨所引发的自我折磨。

对我来说，找到自己的声音，说出我的看法，从而看清这么多年来我为何抓着痛苦不放，弄明白这份痛苦如何伤害了我，要比违心地扮演一个假好人治愈得多。

——乔兰塔

力图兼顾一切 | 乔兰塔

婚礼无疑是我人生中的一件大事，也是一次难得的机会证明我可以做到兼顾一切。但我可以拍着胸脯告诉你，我没能做到，因为根本不可能兼顾一切！

我的婚礼就像一出既梦幻又时髦的童话，并且集合了Pinterest上的所有网红元素。

“所有花束里都要有多肉植物！”

“所有伴郎都要穿皮革吊带裤，这样才够复古！”

还有我最喜欢的一道命令：“让新娘从小养到大的那条老狗来当她的戒童[①]！”

表面上看，我就像一个婚礼策划狂，把一切安排得天衣无缝。但实际上我很矛盾，越是事无巨细地策划我的婚礼，我就越反感婚庆这一套。我认为婚礼就是在利用你“终于找到真爱”的想法，是

---

① 西式婚礼中，除持捧花的花童外，一般还有持婚戒的戒童。——译注

一场以爱之名的消费主义阴谋。我既要做个满腔热血的女权主义者，同时又要做个穿着婚纱的公主关心烛台的木纹纹理，说实话，二者真的很难兼顾。

为了做个公主，我委曲求全地躲在一个女人的地下室里，站在防水布上，付钱让她用喷枪把我的每一寸皮肤都喷成健康的古铜色。我还呆坐了两个小时，只为让化妆师用胶带粘住我的眼睛，然后把假睫毛一根一根地粘上去。最要命的是，我还强迫自己一连六个月不沾碳水化合物。

然而，我之所以想办一场能够在网上夸耀的婚礼，其中一个原因是因为我和布拉德的爱情故事一点也不浪漫。我们断断续续地暧昧了一年，正式开始交往后，我俩的感情依旧不那么讲究。

例如在订婚后的某个晚上，我们正在家里安静地吃晚饭。忽然，我在布拉德的脖子上发现了一个即将破土而出的大黑头。平常我就很喜欢挤痘痘和黑头，但布拉德禁止我对他下手，因为他觉得这样很痛，也很“失礼”。但这次的黑头实在太完美了，乍一看还以为是雀斑，“噗”一下挤出来一定很爽。

于是，我讨好般地问他：“哥们，你脖子上长了个很大的黑头，我帮你弄掉如何？”

“不行。”他冷冷地回答。

“你肯答应的话，今天的碗我洗了。”我开始无所不用其极，主动揽下他平时的家务。

“不行。”他头也不抬地重复道。

“衣服我也洗了呢？”

“不行。”

我决定孤注一掷亮出底牌：“我可以和你做爱。”

话音刚落，布拉德默默停止了吃饭，慢慢把头伸了过来，亮出脖子。我直扑他的黑头而去。在享受完黑头破土而出后，我也履行了承诺，因为我是个言而有信的女人。

看到现在你可能在想，“乔兰塔，你太恶心了吧，为什么要告诉我这些？”你说得没错，即便当时离结婚只剩短短几个月，但我们仍是这种不讲究的情侣。所以我才想效仿劳伦·康拉德①办一场体面的婚礼，假扮成漂亮公主，以此遮盖我与布拉德相当粗放的爱情。

最终在网红元素的包裹下，我完成了理想中的婚礼。它很美，但总觉得无法体现真实的我们。正因如此，那一天似乎比我预想的空虚。

我的婚礼故事足以证明我对兼顾一切的看法，我明白了兼顾一

---

① 劳伦·康拉德（Lauren Conrad）：美国新一代青春女星，代表作《律政俏佳人》《好莱坞女孩》。——译注

切与忠于自己内心相比，根本不值一提。而且凡是头头是道地教你兼顾一切的书，很可能都是在吹牛。

这类书多如牛毛，我和克莉丝汀就试过不少，但最终只会让我们感到不满罢了。

比如瑞秋·霍利斯在《女孩，洗把脸吧》中暗示我们，兼顾一切意味着要与富人一起工作、买得起名牌包、在30岁之前组建一个典型的异性恋家庭、生养一群小孩。基于这一价值观，书中提供的生活建议并未让我感到力量，只觉得失望。因为这些建议又一次提醒我，我的人生目标与社会所期望的相距甚远。

我们也试了另一本以“兼顾一切”为中心思想的书，兰迪·扎克伯格的《选3哲学》。兰迪是马克·扎克伯格①的姐姐，她毕业于哈佛大学，曾担任脸书的营销总监，后来创办了自己的传媒公司，组建了家庭，出了一本书，甚至还出演了一部百老汇音乐剧。

在书中，兰迪讲述了她人生中最艰难的一段时间，作为一个痴迷于戏剧的书呆子来到了天才遍地的哈佛求学。这段经历教会了她把精力投入到重要的事情上。

兰迪认为她之所以如此成功，是因为她现在仍然会将事情分出

① 马克·扎克伯格（Mark Zuckerberg）：脸书（Facebook）的创始人。——译注

优先级。与其每天都妄图兼顾一切，不如从中选出三个重点关注对象，这就是她“兼顾一切”（只不过每天兼顾的事情不同）的秘诀。

这条生活建议快把我和克莉丝汀逼疯了。兰迪建议读者将生活中的家人、朋友分出等级，然后有策略地选择在谁身上多花时间。这令克莉丝汀尤为恼火，她视朋友如家人，我也一样，怎能随便把他们分为重要和次重要呢？

同样让克莉丝汀无法理解的是，兰迪将睡眠也列为一个选项。她每天要选三件事来关注，而睡眠只是其中一个备选项。试想，如果睡眠也在众多轮替的选项之列的话，那她肯定不是每天都选择了睡眠。搞什么？睡眠每周只会入选几次？这算哪门子时髦的健康生活？在克莉丝汀看来，恐怕既不时髦也不健康。

而且在遵照《选3哲学》生活时，我和克莉丝汀的时间全都用来“兼顾一切”。我们做每件事都是为了佯装能“兼顾一切”，但事实证明我们根本不想要那所谓的“一切”，那不过是别人叫我们去争取的。

虽然不知道你怎么想，但我很清楚自己不一定非要有一份说出来很体面的工作，也不需要在33岁之前生4个孩子来证明自己很成功。但我失望地发现许多心理自助书都让女性背上了一个沉重的负担，逼迫她们在百分百投身家庭和百分百投身事业之间寻找一个完美的平衡点，做到兼顾二者。但这是一项不太可能完成的任务!

我希望能有更多书谈谈这种想法如何束缚了女性，相比那些不必“兼顾一切”的人，我们背负了双倍的期望和义务。为女性制造一种可以兼顾一切的错觉，但永远无法消除我们置身禁锢中的焦虑与不满。

兼顾一切，拥有一切——我越是琢磨这些模棱两可的目标，就越觉得它们的存在就是为了消耗我们的精力，用一个根本不可能达到的标准，诱导我们不断努力。所以，如果你再读到建议我们兼顾一切的心理自助书，请直接扔掉。与其追求别人毫不费力就能兼顾的一切，不如多花点精力弄清对你来说什么才是“一切”。

亲爱的克莉丝汀与乔兰塔：

我无意让每个人都以兼顾一切为目标，但我就想兼顾一切！我想要恩爱的配偶、可爱的孩子、满意的工作、可靠的朋友、漂亮的房子和火辣的身材。什么都想要又有什么错呢?

——GM

亲爱的GM：

你想要什么尽管去争取吧，我们绝不会阻挠你！但若你永远无法得到一切，或者历经数十年的辛劳和磨难后才勉强实现，我们希望你不要因此责备自己。

事实上，令人满意的事业不会一蹴而就，甜蜜的恋情和深厚的友谊也一样。这些都需要时间、付出、牺牲和克服相应的挫折。

至于你列出的其他目标，住进漂亮的房子、生养可爱的孩子，这些都需要用钱。如果你还想有份满意的工作的话，也得花钱请人照顾孩子。

尽管困难重重，但你还是有可能成功的。假如你真的做到了，那恭喜你实现了梦想！但也恳请你不要瞧不起那些不能像你一样兼顾一切的人。除了富有和有门路的人，很少有人能在理想时间内获得他们想要的一切。此外，那些没有实现你的目标的人，也可能根本无意追求那些。他们恐怕与你有着不同的梦想。

——克莉丝汀

（另，我们不太清楚你所说的“火辣的身材”是什么意思，但请相信我们所说的每个人的身体都是美丽的，哪怕你的身材既不火也不辣。）

相信吸引力法则 | 克莉丝汀

很久以前，有个小男孩梦想着成为宇航员。一有空闲，他就用塑料瓶做火箭，画航天飞机，组装航空模型。他阅读了大量探索太空的书籍，痴迷于各种与星球有关的影片，他还会拉着朋友一起玩环游太空游戏。

长大后，男孩选修了航空学和物理学课程。他去参观航空航天博物馆，在自己家和教室里做科学实验，甚至学会了开飞机。

自四岁起，男孩的大部分精力都用来追寻他的太空梦。他畅想着其他星球上的生命形态，想象自己探索宇宙中的星球，想着这些一直想到睡着。他向每一个愿意聆听的人，讲述自己遨游太空的梦想。

日复一日，年复一年，他的全副身心都扑在了宇航梦上。毫无疑问，很少有孩子像他这般痴迷于太空旅行。

但你可能已经猜中了结局，这个一生都梦想着遨游太空的男孩最终成了一名程序员。他就是我丈夫迪恩，虽然没有成为宇航员，但他热爱现在的工作与生活。

根据**吸引力法则**（我加粗强调这个词，只是因为有些信奉者总以为这是什么科学理论），我丈夫绝对应该在人生现阶段成为一名宇航员。吸引力法则认为，你的想法迟早会成真。简而言之，凡事往好处想必会成真，凡事往坏处想也会成真。

关于吸引力法则还有一个更冗长的解释：（1）人类及其思想皆由能量构成。（2）同类能量相互吸引。（3）那么如果你向宇宙中释放消极的思想，就会引来消极的事物。同理，如果释放积极的思想，就会引来积极的事物。

所以，如果你觉得自己会暴富，你就会暴富；如果你觉得自己患了癌症可以不药而愈，你就会不药而愈；如果你觉得自己能成为影视明星，丰臀傲人，名扬四海，那你就会成为金·卡戴珊[①]。

反过来，如果你很穷，吸引力法则认为那是因为你总想着贫穷，所以招来了贫穷；如果你得了癌症，那是因为你总想着癌症；如果你爷爷死于大屠杀，也是因为他的消极能量招来了杀身之祸。

毫无疑问，在我和乔兰塔这种较为理性的人看来，“吸引力法则”纯属胡扯。首先，它假设人的思想能吸引相似的能量。若果真如此，为什么美国黑人遭遇警察暴力执法的概率是白人的21倍？难

① 金·卡戴珊（Kim Kardashian）：美国娱乐界名媛，身材凹凸有致，花边新闻不断，代表作《与卡戴珊姐妹同行》。——译注

道所有黑人都不约而同地想被警察揍吗？真正的原因恐怕是美国有四百年的奴隶制历史、吉姆·克劳法[①]、毫无依据的大规模监禁、制度化的种族主义、隔离法案以及媒体对黑人的负面报道。

我们再从相反的角度看，那些身负政府公职和企业要职的有钱白人，这些人之所以有权有势，因为他们拼命幻想金钱和权力，而且比四百年来的所有人都想得更用力？真正的原因恐怕是这些人得益于世代积累的财富、社会资本，还有方才提到的那套压榨黑人的制度。

尽管如此，有些心理自助书仍然声称吸引力法则就跟万有引力定律一样靠谱。从珍·新赛罗的《你骨子里是个牛人》到朗达·拜恩的《秘密》，一个又一个作者扬言，他们的成就源于对财富的渴望和积极的态度。

声明一下，我认为保持积极向上的态度是件好事。每有不如意，我们都尽可能地发挥乐观精神，我会提醒自己生活还有很多值得感激之处。乔兰塔则会把她的烦心事当笑话调侃一番。

但这些乐观的想法能让我免于生病和失业吗？乔兰塔的笑话能让她不被性骚扰吗？它们能让我们的家人长生不老吗？不，尽管我

---

① 吉姆 · 克劳法（Jim Crow laws）：1876年至1965年美国南部及边境各州针对有色人种制定的种族隔离法律，强制不同种族公民隔离使用公共设施。——译注

心态乐观，乔兰塔能说会道，但我们仍旧遇到了很多糟心事。

吸引力法则就是言过其实了。

然而，我们在自我提升类图书、流行文化和成功人士的回忆录中一次又一次地看到这种说法。这也难怪，对于那些功成名就的人（包括畅销心理自助书作者）来说，吸引力法则能让他们确信，自己攀上巅峰乃是实至名归。它创造了一个全新的宇宙，在这里，赢家可以理直气壮地说："我赢了，是因为我最想赢。"它让那些享尽优势的人全然忽略自己的客观优势，坚信可以靠意志获得一切，也让成功人士有充分的理由指责那些不算成功的人是自作自受。

如果吸引力法则是真的，世界在很多方面都会变得不可思议。天真无邪的孩子不会死于饥荒，我和乔兰塔不会遇上卑鄙小人，我的丈夫则会成为宇航员。

但根本不是这么回事。只要你把所有希望寄托在这个假"法则"上，就会对旦夕祸福这样的客观现实视而不见，也无法意识到为了争取更公平的分配方式，我们必须努力工作。

亲爱的克莉丝汀与乔兰塔：

说实话，吸引力法则只是"积极思维"的另一个说法而已，不是什么坏事！我认为积极的思维，会让我们活得更好！你们在谈论感恩和积极的自我对话时，不是一直在提倡积极乐观吗？

——CF

亲爱的CF：

乐观万岁！我强烈推荐积极的自我对话、练习感恩、传播大爱。但我有个问题：一个宣称多想好事就能获得正面能量的“科学法则”，能称作乐观吗？相信一种类似万有引力的超自然法则，我想着钱就能发财，而我病了，则因为想了太多负面的东西。这与保持乐观的态度一点都不像吧？

——乔兰塔

HOW TO BE Fine

第三部分

·

8

件值得更多书推荐的事

勿与别人作比较 | 克莉丝汀

当我还是个不满十岁的小女孩时，曾和附近的女孩一起玩假扮美容店的游戏。我们擦上亮粉色的腮红，给自己的小嘴抹上亮晶晶的口红，然后称赞彼此。最后一步是女孩们都很期待的蓝色眼影，我们轮流涂眼影，相互打量，其他白人小朋友不禁问道，为什么蓝色眼影在我和我姐脸上显得尤为奇怪。很显然，因为我和我姐都是亚裔。

首先，声明一下：我认为，注意到我俩与众不同并没有什么错。反倒是装作看不出肤色的不同，大喊“世上只有一个种族，那就是人类”，这样的做法与其说是尊重，不如说是在抹杀人与人之间的个性。

不过，用“奇怪”来形容这种差异，可能会让一个孩子（或成人）深感不悦。但在当时，那些白人小孩的词汇量与认知都相当有限，只是直观地觉得我俩跟大家不一样，所以很奇怪。他们怎么可能不觉得奇怪呢？毕竟，我们文化的方方面面——从童书插画到电视明星，从杂志的封面模特到超市的食品包装袋——关于什么是美、什么是正常的答案只有一个，即一个双眼皮的白人女性，而不是丹凤眼的亚洲女性。

成长于以白人为核心的审美文化中，小伙伴自然会觉得我和我姐很奇怪。而且不知从何时起，我也开始这样做了。起初只是偶尔为之，后来变得越发频繁，我开始拿自己的外貌与周围人作比较，而且总认为我的不同是种缺陷。我注意到自己身长腿短，而我的白人朋友似乎全都恰恰相反。同样的衣服，我穿起来不如我的白人朋友那么合身。我的肤色，比我认识的所有人都黑。

当然，并非只有种族间的比较才会带来痛苦。乔兰塔是白人，但她在成长过程中也深受比较的折磨。童年的大半时光，她都痛苦地意识到自己是一所富人学校里最穷的学生。在一群蜂腰秀鼻的小姑娘里，她总是最高、最壮、最丰满的那一个。其他女同学能穿的衣服，她穿上就会被那个讨厌的体育老师批评“不得体”。

想从与人比较的痛苦中脱身并不容易，毕竟我们从小开始就被不停地比较着。而且坦白来说，在我们尝试过的心理自助书里，还没有哪本书能直击要害，分析出我们为什么应该停止比较。相反，它们倒是间接乃至直接地提到过，比较是通往美好生活的入场券。例如，珍·新赛罗在《你骨子里是个牛人》中建议我们与比自己成功的人为伍，因为他们的优点会感染我们。但为了做到这一点，我们就得先与周围人比较一番——谁比我好？谁比我差？

这种想法最大的问题在于：它用“多”与“少”（类似的还有“优”与“劣”、“富”与“穷”、“成功”与“失败”等等）这个单一且绝对的标准来衡量一切，但事实并非如此。

对我来说，理想的生活一定要有很多出色的朋友、不同寻常的冒险、各种不同版本的人生故事和亲爱的丈夫。这也是乔兰塔的理想生活，但还要加上她养的狗弗兰克，以及允许她宅在布鲁克林的小公寓里虚度时光。然而，主流文化所定义的优质生活却在向我们推销豪宅、大草坪、跑车、常春藤盟校的文凭、昂贵的珠宝，像大多数家庭一样生两个小孩。从传统的攀比眼光来看，我和乔兰塔的理想生活实在凄惨。但我们很清楚并非如此，如果这就是比较结果的话，那就让它见鬼去吧！

事实上，我们的比较方法往往是错误的。外表是会骗人的，即便有些人看似过着我们想要的生活，但其实未必是真的，就算他们真的过得很好，也很可能是历尽磨难才有了今日。又或许为了过上这样的生活，他们已倾尽所有。不管怎样，他们都从未借鉴我的生活方式，否则他们还会是今日的自己吗？恐怕不会。此外，我想很多过着“理想生活”的人也并非无忧无虑，那些“光鲜亮丽”的人也会对自己不满。很多人看似应有尽有，暗地里却背着配偶出轨，负债累累，对未来的生活感到绝望。就像我的一位朋友所言："别拿自己的内在与别人的外在做比较。"还有索菲亚·阿莫鲁索[①]那句"不要用别人的高光时刻，对比你的平凡当下"。

就我个人而言，放弃和别人作比较后，我过得最开心。正如泰迪·罗斯福[②]的名言："攀比是偷走快乐的贼。"即便遇到了困难，与其因为和别人比较一头钻入"自怨命苦"的地洞，为何不靠自己走出阴霾？和朋友聊聊天，出去散散步，列张旅游心愿单，读一本好书或者做些其他有建设性的事，无论做什么都比攀比有效。

当然，"不与人攀比"总是说起来容易做起来难。就算动用所有的理智与行动力，仍忍不住比较。每每此时，我都会亮出撒手锏：花点时间回想一下小时候的自己，被别人说涂蓝色眼影很奇怪；想一想少女时代的乔兰塔因为身材被体育老师羞辱；想一想我们从小就被灌输的所有这类孰优孰劣二元对立的观点—— 一边是又瘦又有钱的白人，一边是又胖又穷的有色人种。然后我会把它们统统清出大脑。

我是个好人，我知道你也是，这一点无需和任何人比较就能看出来，我们都很美，也值得被爱。

---

① 索菲亚·阿莫鲁索（Sophia Amoruso）：美国在线女装品牌"坏女孩"的创始人，著有《女孩老板：我的互联网创业小时代》。——译注

② 泰迪·罗斯福（Teddy Roosevelt）：即西奥多·罗斯福（Theodore Roosevelt），美国第26任总统，人称老罗斯福，泰迪是其昵称。——译注

亲爱的克莉丝汀与乔兰塔：

你们讨厌白人直男吗？你们经常说白人直男活得多么轻松，但我生于蓝领家庭，日子过得并不容易。这个世界上的很多问题也不是由我造成的。

——AZ

亲爱的AZ：

我们并不讨厌所有直男，而且我们都嫁给了白人直男呀！但我们确实讨厌那些写书教女性和少数族裔照他们那样生活的白人直男，好像这些群体也像他们生活得那般轻松似的。

令人恼火的是，许多自助书的作者都是白人、男性、异性恋。他们总是站在社会权力结构的顶端，觉得所有人都能像他们。我们希望写作者能看到社会的不平等，承认性别歧视、种族主义和其他不平等观念真实存在。但有些作者根本不考虑与自己的生活没有交集的那些群体，而这类作者大多是白人直男。

——乔兰塔

直面自己的感受 | 乔兰塔

告诉你们一个秘密——表演学校里的人都是“疯子”。

真的，那里的氛围就跟“邪教”似的。入校后，他们会告诉你，你思考的、相信的都是假的，把你搞崩溃后，再用他们的逻辑和教诲重塑你。最重要的是，他们会着重强调你现在正走在正确的道路上（追求艺术），没时间和亲朋好友相处。很像邪教对吧?

2008年我大学毕业，恰逢美国第二次经济大萧条，我没去找工作，而是带着不多的积蓄，从旧金山搬到纽约去学表演。我就是表演学校最理想的招生对象，热爱戏剧但对表演技巧一无所知，同时对人生感到迷茫且情感脆弱。

我就像个迷路的小女孩，迫切需要有人引导，只想把最后几文钱花在一个属于自己的地方，在那里有人会教我如何思考。所以，当我踏进纽约一家小有名气的表演学校时，我已经做好了被洗脑的准备。幸运的是，那些洗脑建议竟然很好用。

反馈是表演学校最出彩之处，也是最有效的洗脑工具——我们最常做的就是排练一幕剧，然后表演给老师和同学看，最后接受大家猛烈的批评。这些批评一向很直接。我第一次表演后，指导老师直奔主题说，“你的形体很差。”一个同学插话说，“她肯定很自卑，她都没法在舞台上站稳。”

两年来，我收到的反馈基本没啥变化——我无法进入情绪状态，站不稳（虽然我不太明白这究竟指什么），没有发挥出我的力量。我大致把这些话理解为：“你是个自我厌恶到连站都站不稳的垃圾，连哭都不会哭。”哭是表演学校里非常重要的戏码。凡是上过表演课的人都会说学表演不是学哭，但这是谎话。除非你能说哭就哭，否则根本不够格成为演员。

我的童年是和一个缺乏同理心的父亲一起度过的，于是我学会了如何封锁情绪。每当遇到不顺，我不会去审视自己的感受，而是直接忽略。

封锁情绪是种很好的防御机制，但会夺走你的眼泪——而作为表演学校的学员，我必须哭出来。

一天，我正在上练声课，主要是做瑜伽和呼吸练习（有些人常在练声课上练习哭泣）。

我们在课上做菲茨莫里斯声音训练[①]，要在做瑜伽动作的同时，放松呼吸，震颤身体，直到你的身体震颤得仿佛正在经历一场非常强烈的性高潮。

当时，我正在做瑜伽中的骆驼式，我的练声导师走了过来。她曾是个出色的舞蹈家，她的舞蹈中蕴含着深邃的禅意。她开始一对一地指导我，触摸我身体的不同部位，帮助我“释放”我的声音，说些“用你的膝盖呼吸”“用你的肩膀呼吸”之类的话。

当她轻轻触碰到我的胸骨时，奇怪的事情发生了，我感觉有个滚烫的熔岩球在我胸膛里积聚，然后炸裂，一股灼热的岩浆贯穿我的身体，我哭了起来。

我的哭泣并没有立刻停止，而是持续了好几周。吃饭的时候会哭，洗澡的时候会哭，睡觉前也在哭，一直哭到睡着。我一边哭，脑海中一边闪过许多回忆。每一次的心碎、失落，每一次的自暴自弃，每一次因过于敏感而产生的羞愧。总之，曾经随情绪一起封锁起来的眼泪全被我哭了出来。

经历过这场大哭后，我感觉自己焕然一新，我变得更轻松、更明朗了。生活似乎往前进了一步，我也有了信心去成为好演员和更

---

① 由戏剧大师凯瑟琳·菲茨莫里斯发明的一种演员练声法，主要通过震颤的方式来重构身体，配合呼吸连接身心，增强心灵感受性。——译注

好的自己。这都是因为找到了自己隐藏情绪的地方后，我终于可以接近它们，审视它们，并和别人说起它们了！

我永远感谢那堂练声课，还有那不可思议的震颤式瑜伽，它们帮我找回了我的真情实感。原来我们的感受竟是如此重要，仿如一个晴雨表，反映着我们的情感需求在多大程度上得到了满足。当我们的晴雨表发出预警时，我们就该停下来思考如何更好地满足自己。

但我和克莉丝汀尝试过的很多书都认为，理想人格应该具备控制情绪的能力，能够主动选择积极愉悦的感受，避开负面的感受，最终过上一种只剩正能量的生活。我之前提到过的《重塑幸福》就是一个典型代表。书中说，要过上最好的生活，第一步就是对生活中发生的每件事负责，不论究竟错在谁。虽然很多事超乎我们的控制，但我们可以控制自己对事情的反应和解释方式。这个想法是好的，但很难实现，因为我们很难在与人交流中有效地控制情绪反应。刻意压抑或者忽视自己的感受，不是更容易变得喜怒无常吗？至少我和克莉丝汀认为，对自己使用煤气灯效应[①]既不会产生帮助，反而更容易失落。

---

① 煤气灯效应，是指通过扭曲受害者的认知，对受害者进行洗脑和心理操控。出自同名剧作《煤气灯》，片中男主角安东故意将煤气灯调得忽明忽暗，让女主角宝拉误以为自己出现幻觉，进而导致宝拉被送入精神病院。——译注

我们实践过的大多数书都未曾提到，如何审视自己的情绪？弄清自己是否快乐？有何烦恼？为何要避开这些更实际的指标呢？

审视情绪的方法有很多，找到适合你的方法即可。我个人审视情绪的途径，就是在练声课上进行犹如高潮般的声音训练。但愿你的方法不必这么麻烦，但即便麻烦，又怎样呢？

这几年我开始认识到，越少浪费时间、精力去控制生活中的自然情绪反应，我就活得越满足。此外还有一个好处是，我终于有工夫发掘一些正常的办法去化解情绪困境了，比如看看窗外的飞鸟或是在曼哈顿健走。审视和尊重自身情绪的好方法多种多样，譬如做手工、游泳，哪怕是接受心理治疗！我宁愿尝试这些真正有效的方法，也不愿再骗自己说没有情绪，结果因为一个转行的现代舞演员摸了我的胸骨后，一下子哭了整整两周。

分步完成任务 | 克莉丝汀

我承认：我是个首屈一指的拖延狂魔，从中学到现在，我做事总是一拖再拖，完成任务的过程中，总是找各种借口不干正事。

明天要交稿了吗？那我今天要把去年所有的春装都试穿一遍，看看哪些还合身。要为下午的会议做准备了吗？不如先刷一个小时社交网络收集“资料”。千万别让我在家完成什么大项目。我会花一整天重温《草原小屋》(*Little House on the Prairie*)，吃玉米片，最后不得不通宵赶工。

倒不是说我不能按时完成工作，我一向守时，甚至可以自豪地说，我一般都完成得很出色。但我知道，如果不想点法子鞭策自己，我是无法在最后一刻完成工作的。

首先，我会想想那些信赖我的人，如果我不尽力完成工作，他们会失望的。责任感（和负罪感）敦促我完成任务。其次，我会提醒自己完成比完美重要。我不是要开一张能获诺贝尔奖的发票，也不是要写一份名垂青史的备忘录，我应该避免因完美主义而拖延再三。当然，这两种方法的切入点都在于改变思维，而非行动。若论行动，我有一个大原则：切忌盯着整个任务不放，试试把它分成几个部分来做。

我知道这与许多心理自助书的建议相反。我和乔兰塔实践过的多数书都鼓励我们着眼于大局，考虑整体而非局部，注重长远目标或者制订一个十年计划。这些书认为，全局观能让我们朝着一个目标持续发力，关注整体能让我们做到心中有数。但如果落实到每天的日常生活中，这个建议只会麻痹我。分步做事则刚好相反，我有很多办法可以把事情搞定。

我的第一种方法是设定时限。比如，我会对自己说："用三分钟叠几件衣服吧，叠不完也没关系。"一般说来，只要我克服了拖延心理，开始坐下来叠衣服，就一定能在惯性驱使下把整筐衣服都叠好。即便没有叠完，我也知道要不是一开始就设定了三分钟的时限，我根本不可能叠这么多。

戴维·艾伦在《搞定》一书中也推荐了类似方法，即两分钟原则——任何能在两分钟内完成的事，都应该立即完成。不要把它们列入待办清单，更不要推到明天。

设定时限不仅适用于工作和家务之类的事。接触新的社交场合时我也会用这招。比如参加一个没有熟人的聚会，和新同事一起出席活动，或者和网友约会（那时我还单身），我自创了一种社交方法，名为“75分钟原则”。这条法则的核心要义是出于礼貌应该在社交场合驻留至少一个小时，稍微延长一点更佳，这样才不像早有预谋要逃跑。根据我的经验，75分钟足够我享受社交、忘却烦恼，同时又还没有漫长到让人尴尬的地步。自从乔兰塔和我成为朋友后，她也开始遵循这个原则，并大赞这可能是我想出的所有主意中最好的。

另一件超级适合分步做的事，就是我正在做的——写书。为一家颇负盛名的出版社写一本两百页的书是莫大的荣幸，但也是项艰巨的任务。一想到那不容小觑的工作量，我恨不得立马钻进被窝看劳拉·英格斯·怀德[①]写她如何钓鱼，一直躲到明年再出来。但如果把写书分成几个部分来完成，就容易多了。

这个办法是我在写上一本书《开一个播客吧》时，亲身领悟出来的。那本书不仅仅是一份开播客指南，也是一份直白的宣言，意在强调个体发声讲述自身故事的意义。如何将以上这些整合成一本两百多页的书呢？工程量之大，令人望而却步。

首先，我采用了刚才说过的激发责任心的办法（想想我的经纪人、我的编辑和其他看好我的人）。其次，默念咒语：完成比完美

① 劳拉·英格斯·怀德（Laura Ingalls Wilder）：美国女作家，其最著名的代表作正是本文之前提到的《草原小屋》。——译注

重要。即便我只写了些流水账似的废话，也比一个字没写强。最后，我开始积极地分步执行。

我使用了一种之前没提过的分步方法，从最简单、最好玩的部分入手。乔兰塔在这方面堪称专家，但我也不差。比如剪指甲的时候，我总是先剪左手，因为我是右撇子，右手操作指甲钳更容易。

至于我的那本播客书，给读者写一封表白信似乎是最简单、最有趣的部分。向他人表达喜爱之情，对我来说很容易。赞赏他人的独特、美丽和价值，为他人欢呼喝彩，都是我最喜欢的事。于是，我坐了下来，在书中写道我相信读者会花时间读我的书，并告诉他们，相信每个人都有能力讲出精彩的故事，我将竭尽所能为大家提供帮助，让每个人可以用自己喜欢的方式发声。除了写起来很有趣外，这封表白信也为我的书定下了基调：既要手把手地提供指导，也要为每个人加油鼓劲。这封表白信后来成了那本书的序言。

紧接着，我总结了制作、发布和推广一个播客所需的37个步骤。然后把所有步骤归入七个小标题之下：梦想、写作、主持、录制、后期、分享、成长。

自此，那本书就一直冲我叫嚣："既然都分得如此详细了！快给我一步步地写出来！"好在一步一步地来，是可以完成的。37个步骤要写满两百页内容，平均每一步只能写五六页，我可以用六页纸解释清楚每个步骤吗？我觉得没问题。这就是我的计划。每天醒来，我都对自己说："你只需完成一步。如果你还能多写，那是最好，但要是比昨天写得少也没关系，起码比昨天有进展。"

有时我一天只写了几句话，有时一天写三章，但多数时候，我都在按计划完成。例如，如果我对这一章没太大兴趣，就会跳着去写那些我觉得有趣的章节（从有趣、简单的入手）；要是一想到要写一整天书就头疼的话，我就告诉自己，"你只需要写两个半小时就好（设定时限分步）"。

整个过程并非总是一帆风顺，但用了分步技巧，我最终仅用了两个月就完成了初稿。

此外，还有一种能快速上手的分步技巧——列待办清单。我每天都会在电脑上的待办清单里添加、重新安排和删除一些事项（乔兰塔有本子弹日记[①]，功能大同小异，但看起来美观得多）。我的清单上罗列了我的工作任务、家务、差事、约会、社交活动、待发邮件和待联系的人。有些事很小，比如"给阿米尔发个短信，问问他下周要不要一起吃顿午饭"。有些事比较大，比如"写下一个脚本"。不管怎样，从待办清单上划掉已完成的事，很有成就感。

---

① 由美国设计师发明的一种高效日记，页面简洁，讲求速记高效。——译注

除了能很好地应对家务和工作任务外，我和乔兰塔都发现待办清单有助于缓解抑郁情绪。和大多数人一样，我们也经历过失业、分手那些难熬的低落期。在这种情况下，我们常常毫无预兆地悲伤，无法像个没事人一样应对生活。因此，我和乔兰塔放弃了那些得集中注意力才能完成的正经工作，专注于分步完成日常生活中的小事。“该起床了。干得好！”“去厕所洗把脸。做得很好！”“该换衣服了，很好。”“出门走走吧，你做到了。”

当然，分步做事并非十全十美。一如之前所言，有时哪怕我尽了最大努力，也未能达到预期。另外，有些事很难细化成一步步进行。譬如，假设你的工作是永无休止的重复劳动，类似快餐店的服务员或收银员，你就只能按照休息时间或固定的工作时间来划分任务。而且即便划分了，也还是必须实打实地完成，不然就会被炒。

修复婚姻感情、照料那些生活不能自理的人、治疗小时候因为家庭虐待而导致的心理创伤，同样无法拆分。

因此，分步法也不是包治百病的万能药方，生活中的许多情况无法被分解细化。有些事必须持之以恒地完成。

但若是一些具体而明确的任务，比如家务或早上出门前的准备，分步完成大有裨益。除了能让事情变得妙趣横生，最要紧的是，分步能避免我被那些一时难以完成的事压垮，可以集中精力先从力所能及的部分做起。

我不可能一次写出两百页稿子，不可能在一天之内给家里来个大扫除，不可能一夜之间让肌肤干净得宛如神殿般纤尘不染。但我可以写一封表白信，可以叠三分钟袜子，可以用右手剪剪左手的指甲。

有时，这样就足够了。日积月累，没准儿也会聚沙成塔。

与你的身体做朋友 | 乔兰塔

你知道吗？15世纪时，水手们第一次在热带水域发现了海牛，他们误以为自己发现了美人鱼。

我一直在思考这桩历史趣闻，倒不是因为多有趣，而是它说明了我们的审美标准在不断演变。放在几百年前，海牛与端庄的水生少女长得差不多。试想一下如果现在动画片中的小美人鱼被换成又丑又憨的海牛会怎样？或许我们会对自己的身材自信无比，无法姿态迷人地撩拨一头湿发也无所谓（别做梦了）。

15岁之前，我从没对自己的身体上过心，直到我长出了胸部。那感觉就像短短24小时内，我的胸部从被蚊子叮过的肿包变成了D罩杯的双峰！

虽然听上去很让人羡慕，但我要提醒你，天然的与人造的大不相同。对于15岁的年纪来说，真的一点儿也不好玩，至少我不喜欢。身体的新变化害得我肩酸背痛，因为太过丰满还买不到衣服，走到哪儿都被误认为成年女性。当然，也招来了很多不必要的男性关注。

我觉得这非常不公平。我从未想过男女之事，更不是有意要让身体早早发育成熟，有这样一副身躯非我本意，但它一旦绽放，就像一块空白的画布，投射出男人在我身上想看到的一切。

为了赢回身体的部分主导权，我决定接受身体的变化，不再羞于展示它本来的样子。于是，我在2000年大受青少年欢迎的Gap服饰店，挑了一件不起眼的浅黄色挂脖式吊带上衣，粗肩带、高领、内附运动文胸，不会太暴露，颜色也很衬我，简直堪称完美，我恨不得立马就穿出去。

等到第一缕春光降临时，我终于可以换上我的新吊带衫。但在午饭时，我的体育老师看见了我。他总爱对我的身材指指点点，经常嘲笑我太胖了，让我小心以后没人约，同时又说他可以“帮”我变得有魅力，一边说一边对我毛手毛脚。所以，当我看到他在教室另一头指着我和数学老师说话时，我知道他又要针对我。还没等我反应过来，数学老师就朝我冲过来了。

“乔兰塔，”他说，“马上穿上你的外套，你那件吊带衫不能在学校穿。”

我心中一沉，道了歉，穿上了我的毛衣，一股灼热的羞耻感席卷我的全身，我完全没想到这身衣服那么糟。但目送他走远时，我目睹了一桩怪事。数学老师与我的同学艾米丽擦肩而过，艾米丽又小又瘦，似乎还在穿A罩杯的胸罩，但你猜怎么着，她的吊带衫和我的一模一样，连颜色都一样！

数学老师经过她时，又做了什么呢？他眼睛都没眨一下就匆匆而过，没有说她穿着不得体，没有让她穿上外套，甚至根本没注意到她。

2016年唐纳德·特朗普（Donald Trump）赢得大选后，MeToo运动终于火了起来，我这才意识到自己不应该遭受这种侮辱性的对待。我一直将这种女性身体与男性稍有不同而遭遇的歧视与侮辱，归为我自己臆想出来的麻烦，并说服自己这很正常。关于这一问题，有些自助书甚至起到了推波助澜的作用。

多数心理自助书都阻止我们去审视社会标准对女性的伤害。我们实践过的绝大部分心理自助书甚至诱导我们厌恶自己的身体，视肥胖为羞耻，将不切实际的审美标准说成健康的生活方式。当发现所谓健康的生活方式难以为继时（请看克莉丝汀写减肥的那一章），我们会再次陷入羞耻和绝望，逼得自己又开始想变得更好，如此周而复始。如果你的终极目标是爱自己的话，这种方法显然适得其反。除非你的终极目标是不断购买心理自助书和保养品，那倒是很适用。很讽刺吧？

我们实践过的大部分书也很少提及性骚扰和性虐待的问题。即便有所涉猎，也会倾向于告诉受害者，受困于过去的创伤、不肯奇迹般地振作起来是他们自己的错。

很多自助书未必会鼓励读者接受他们自己的身体。心理自助书的典型写法是提出建议和指导，教你如何对自己的身体“负责”，让它变得更健康（其实就是变瘦）。讽刺的是，如果你追求主流审美定义的好身材，也会遭到某些书的责备。因为，这些书都没有提到，主流文化所定义的“好身材”，不过是基于性别歧视而设立的标准罢了。

这些书中充斥着伤人的刻板印象、不切实际的目标，引导读者为做不到也不可能做到的事而自责。我们因此觉得自己一无是处，只好不断购买各种商品来矫正我们丑陋的身体（至少我这样做过）。

但愿不久的将来，我们都能笑着调侃过去的自己是多么狭隘，随意给生而不同的生理特征贴上了美丑优劣的标签。不过在那之前，我们必须先想办法爱上自己的身体。虽然我不了解你的处境，但我发现总和自己的身体作斗争、嫌弃自己的身材实在太累了，我不想余生都这样度过。幸运的是，在录制《循规蹈矩》的过程中，我和克莉丝汀发现了一个充满希望的新趋势。

越来越多的女性开始书写关于自我接纳和身体自信的心理自助书。诸如索尼娅·蕾妮·泰勒的《别为你的身体道歉》等书，这些书揭露了那些助长焦虑和冲动消费的社会潜规则。阅读这类书让我明白对自己不满实在太正常了，因为专门有一套完整的社会话语体系就想让你产生这样的感觉。

对我来说，想办法夺回对自己的控制权最要紧。所以，我通过安努什卡·里斯的《极简衣橱整理术》学会了如何通过穿衣打扮衬托自己的个性，进而强化自我意识。《别为你的身体道歉》告诉我做一些小事也可以夺回控制权，譬如取关那些让我觉得自己很垃圾的社交媒体。

黄色吊带衫事件之后，在16岁的某个夏日清晨，我去做了缩胸手术。当我从深度麻醉中醒来后，看着我那缠着绷带的身体，我开心极了，感觉胸口的重负被卸下。

每每跟人说起，大家都觉得我父母疯了，竟让一个16岁的孩子接受整形手术。手术风险极高，并不适合所有人。但我不在乎，手术让一度控制着我生活的那对乳房恢复了正常，我终于可以和这副崭新的成年女性的身体友好相处，接受它，并感受它是属于我的。做了手术后，我的成绩提高了，抑郁也缓解了一些，高中最后一年甚至还加入了网球队。我学会了快乐地运用我的身体，探索它的潜能，把它当成我的一部分，一如我的大脑和脾气。

不过我仍旧不擅长和我的身体做朋友，我必须不断提醒自己、强迫自己去喜欢它。但我发现我越是热爱它、赞美它，我就过得越好。与自己的身体交朋友本身的确很有趣，重点是用你喜欢的方式。

就我个人而言，我的方式是有意识地运用自己的身体，这能让我时刻谨记我所拥有的不仅仅是思想，还得有一副强健的身躯支持我发挥聪明才智。我在做一些小事时，比如用面膜护肤或练习瑜伽中的倒立体验平衡感，我更容易将身体和思想看作一个整体中相得益彰的两部分。这些小事让我集中精神，也体会到快乐的感觉，从而使我更爱自己的身心，也更爱自己。

记住，每个人都是不同的。我与身体交流的这些小技巧，可能对你毫无吸引力，那也没关系。克莉丝汀与身体做朋友的方式是在城里散步，或者和好友在阳光下美美地野餐一顿。她的丈夫迪恩则习惯于跑步和每天早上给克莉丝汀做足底按摩。我的丈夫布拉德喜欢做些刺激的大型运动，譬如攀岩或骑车环游曼哈顿。

总之，我喜欢学着与身体做朋友，因为最终能省下很多时间与精力。事实证明，自我憎恶是件颇费心力的事，唯有停止自我憎恶，你才能省出更多精力去粉碎那套向你灌输自我憎恶观念的体系。索尼娅·蕾妮·泰勒在《别为你的身体道歉》中说得最到位："种族主义、性别歧视、残障歧视、恐同恐变性者、年龄歧视和肥胖恐惧，这些偏见是人类无法与身体和平相处的结果。一个真正自爱的世界，也将是一个没有歧视的世界。正是那些压迫性的规则使我们不算完美的身体很难生存下去，有时甚至因此丧命。”

所以，我们何不仍然将海牛认作美人鱼，只要能找到和自己的全副身心做朋友的方法，将所有消极的想法发泄在真正的坏事上，最终停止苛责自己的身体为何不完美。

亲爱的克莉丝汀与乔兰塔：

乔兰塔是个又高又瘦、身体健全的白人女性，“与身体和平相处”对她来说太容易了。但我们很多人的身体却只能被这个世界所仇视——黑皮肤、肥胖、坐轮椅。很多人每天都在被这个世界灌输厌恶自己的想法。对于像我这样的人，你们有什么要说的吗？

——JL

亲爱的JL：

你说得对，我的身体并没有太偏离社会审美的“正常”标准，所以我更容易体会到接纳自己的身体的快乐。你说世界是残酷的，不断提醒我们，我们的身体永远有各种各样的缺陷，这也很对。对于那些生来就与我的身体完全不同的人来说，这些残酷的信息正在加倍伤害他们。

但我是个热爱反叛精神的女人。若这个世界不讲道理地反对什么，我就努力去热爱什么，坚决不与之同流合污，就是一种反叛。面对世界的恶意，那些热爱自己身体的反叛者会激励更多人一起反抗，也许不久的将来，我们就会迎来一场爱自己的狂热革命。

——乔兰塔

不要让“第一次”定义你 | 克莉丝汀

言情小说、偶像剧、情景喜剧、宗教和几乎整个社会都在告诉女孩们，失去童贞是件天大的事。委婉一点的说法是，“童贞只应留给你所爱的人，一个当你回忆起自己的第一次时会深情想念的人。”偏激一点的说法是，“没人想要一块被人嚼过的口香糖。”

我们不断吸收那些厌恶女性的信息，甚至开始认同保留童贞等于“足够的选择权”。因此，许多人年轻时都将童贞看得很重，几乎到了顶礼膜拜的地步，期待自己的第一次应该是美好的、郑重的，乃至神圣的。

我年轻时也一样，想要一段恋爱，并和我深爱的男友做爱。毋庸置疑，我们的第一次必将是完美的，高潮迭起，而后紧紧相拥。将来，我们可能会结婚，也可能不会，但不管怎样，我没有把一生仅此一次的时刻浪费在一个不爱我的人身上。

但事情并不如我所愿。那时没有一个男孩向我示好，也没有男孩夸我漂亮或者约我出去。偶有人微笑着靠近我，结果也只是问我能否把他介绍给我那些漂亮的朋友。

而后我开始在附近一家餐厅打工。我喜欢这家餐厅的料理，也喜欢在这里做收银员和服务生。最重要的是，我喜欢我的一帮同事，我们大多十几二十岁，也有几个三十出头的，我们相处得很好，其中有个同事特别爱和我们打情骂俏。他是店里的领班，负责安排我们的日常工作。遇到他后，我第一次知道被男人夸漂亮是什么感觉。尽管我知道一个要听我汇报工作的男人，绝不该用那样的方式和我说话，况且他还比我大十岁。

我在餐厅工作了几个月后，一天晚上，这个上司主动提出开车送我回家。不瞒你说，我家离那儿只有15分钟路程。但我同意了，而且预感到了我们很可能会在车上亲热一番。

此前，我几乎没接触过任何男孩。所以，当他把车停靠在泥泞的马路边，俯身过来吻我时，我很激动。然而在我尚未意识到发生了什么时，一切就已经开始了。我彻底懵了，怎么会发生这种事？为什么与我设想的第一次完全不同？

多年后，但凡有人问起我的第一次，我都会轻描淡写地带过。我很羞愧，羞愧于把宝贵的第一次送给了一个不值得的人。

但几十年后的今天，我终于知道了：如何失去童贞，其实并不重要。我说这些不是要为我的那个上司开脱。我坚决认为他对我所做的一切，违反了人类基本的道德准则，触犯了多项劳动法。

我的言下之意是，一次性行为无法定义我，更无法毁了我。它没有影响我今后的性关系，没有让我对日后的伴侣产生反感，没有让我困在那段记忆中走不出来。我不会因为靠在泥泞的马路边，和上司在车里共度了几分钟（或是我今生其他的性行为）而改变分毫。

我真希望自己当时就能明白这一点。但那个时候，我能参照的标准很少，这导致那件事看起来无比重大，因为整个世界一直在向我灌输一个信息：我年轻时犯下的最大的错，就是把童贞给了一个错误的人。

可悲的是，这样的信息至今还在。像瑞秋·霍利斯的《女孩，洗把脸吧》之类的畅销书就明确表示过，一个女孩如何失去童贞有对错之别。尤其是霍利斯，她说“虔诚的基督教女孩”会把她的第一次留到婚后，霍利斯还将她自己在婚前与丈夫发生性行为的事说得充满负罪感。倘若一个女人像她这样，嫁给了第一个也是唯一一个和自己上床的男人，但仍感到内疚，那我们这些人又当如何自处？我们的童贞要么被人剥夺了，要么没有留给那个“命定之人”，想必只能一生背负着耻辱的十字架了吧。

可我们不是非得这样。性不是什么消耗品，不是嚼过的口香糖。它还可以发生很多次，还可能与其他人发生。第一次性爱体验很糟糕或者值得纪念，并不意味着你也变得糟糕，或让人难忘。

坦白来说，初次性行为一般都会很尴尬，而且没什么高潮。因为你需要时间了解对方的身体，探寻两人之间的默契。不管他是你此生的第一个伴侣，还是你这周的第一个伴侣都一样。

我和乔兰塔读过的心理自助书中只有一本提到了这一点，也就是史黛西·施罗德的《烂俗升级：烂俗女孩养成手册》。不过提醒你一下，这本书也不怎么样。（乔兰塔："那是你的看法，克莉丝汀！我喜欢这本！"）它假定读者都是金发碧眼的有钱白人，并和金发碧眼的有钱作者面临着同样的问题。（乔兰塔："好吧，这倒是真的。"）但这本书确实也有几点正确的见解，譬如初次性行为被高估了。施罗德坦率地分享了她的第一次：从不知道该如何摆弄自己的身体，到不知道该在做爱之前、之中、之后跟对方说些什么。

为什么没有更多书这样做呢？为什么没有更多书告诉女孩（和男孩）性的确可以刻骨铭心且回味无穷，但并非每次都是，第一次更是未必。

为什么我们不能像第一次走路、第一次写自己的名字或者第一次下厨那样，宽容地看待自己的第一次性爱呢？我们第一次走路，立马就摇摇晃晃地跌倒在地。第一次写字，满篇都是胡写乱画。第一次下厨，成果并不如预想的那样美味。但这又有什么所谓呢？

不错，我的初次性经历很糟糕，但它并未毁了我，更不能定义我。乔兰塔同样和我说过，失去童贞也并未毁了她。

亲爱的克莉丝汀与乔兰塔：

如果我的第一次给我造成了精神创伤了呢？你们的意思是我就该接受吗？

——CG

亲爱的CG：

不，当然不是！我们都不必强迫自己接受创伤。我认为我的“第一次”就是一次创伤，16年过去了，我仍在想方设法地克服它，但我永远无法接受它。性侵犯和性创伤更是无法轻易勾销。

就我个人而言，我一直努力避免让创伤定义我，这也是我们写这篇文章的用意。我们不幸经历了一些事，留下可怕的创伤，如果你与我有几分相似的话，有时你可能认为是自己活该，任由它左右你做的每件事，定义你是谁。对我来说，坚信性创伤无法定义我，令我如释重负。

你的第一次给你造成了创伤，我们很难过，没有人应该经历这些。我们永远不会强迫你接受它，但也绝不希望你为此自责。抱歉让你产生了这样的误解！

——乔兰塔

心存期待 | 克莉丝汀

29岁时，我大体上过得相当快乐。有一帮出色的朋友，一间不错的公寓，还有当时那个无可挑剔的男友。我对自己的外表很满意，对自己打拼出来的生活也很满意。我爱这座城市，爱我的生活。

但临近30岁时，我开始有些不安，因为很多朋友一满三十就悲从中来。他们发现自己没有达到理想的人生阶段，还浪费了青春。万一我在30岁那天早上醒来也有同感呢？要是我经不住这份打击呢？

所以，我为30岁生日准备了一个急救包，包里只有一样东西：一张清单。

这张清单很长，罗列了所有我已经完成的事——自费念完本科，读了研究生，存了一笔钱用来应急，等等。其中囊括了我住过的所有住所、去过的所有地方、做过的所有工作。此外，还包括了一些无形的东西，比如朋友带给我的快乐、与家中女性亲属之间融洽的关系，以及这些年我为保持身心健康所做的各种努力。

清单写完后，我自豪地跟好友琳达说起了这事。我原以为她会拍拍我的背表扬我，然后请我喝上一杯。可她没有，反而疑惑地看着我说："克莉丝汀，我不知道这个清单是好是坏。"

"你不知道？"这有什么不知道的？难道她看不出来这个清单是我用心创造的杰作吗？

但她说完那句模棱两可的话后，却提出了一个令我毕生难忘的建议："你的清单是不错。但与其回看过去的人生，何不向前看？为什么不想想30岁之后，你会做些什么了不起的事？这份清单恐怕会比你列的那个长得多。"

我的第一反应是"天哪，琳达，你太聪明了"。紧接着的第二反应是"一定很有趣"。比起成就感，我30岁生日的急救包里更需要的不正是"有趣"吗？

我开始罗列我想去的地方、我的财务目标、我想吃的美食、想读的书（不过没有一本是心理自助书）。我幻想自己在泰国街头散步，还梦想了一些超乎想象的事情，比如从事我热爱的工作。

不过这份清单里不仅有梦，还有很多其他东西。作为一个喜欢探索的人，这份清单就是一份动力，它会敦促我去挖掘更多兴趣爱好——从经典电影到历史古迹，从观鸟到园艺。所有这些有待学习探索的东西，都让我兴奋不已。

这份“期待”清单让我意识到了保持新奇感的重要性。日复一日的生活，很容易陷入陈规。舒适圈里固然安全，但也会让我们止步不前，妨碍我们挑战更多可能性，错过这世上真正的惊喜。别忘了，惊喜总是最棒的！拟清单时，我发现几乎每一条都是一种全新的体验，可能蕴藏着很多惊喜。

此外，拟清单让我产生了一种期待感，我很喜欢这种情绪状态。和大多数孩子一样，我上学时总是算着日子期待放暑假，又在假期时期待开学。以前单身的时候，我很享受那些没有情人可以做爱的日日夜夜，同时又期待对的人会在下一秒出现。

或许，琳达想要强调的是，清单中最重要的就是希望和乐观。为未来拟一份清单，就是在承认“我们会有未来”，就是在说“前面还有很多美好的事物”，是在宣布“生活中有很多值得追求的东西，我激动不已”。

当然，期待清单并非琳达独创，我们实践过的一些书中也有各式各样的人生清单。但说实话，那些清单基本上可分为两种：语焉不详的和难以实现的。

语焉不详的有朗达·拜恩的《秘密》。这本书鼓励我们制作愿望板——从奢侈品到梦幻假期——但没有给我们任何参考模板。最重要的是这个愿望板与之前提到的吸引力法则息息相关，实现梦想全靠不停地想我想要什么而非具体行动，那还有什么乐趣和挑战可言？

而说到难以实现的清单，蒂莫西·费里斯的《每周工作4小时》就非常典型。费里斯的清单包括（仅列举一二）学习竞技骑射、主演一部亚洲电影、成为世界级武术家，以及去世界上最偏远的地区生活。费里斯还认为这些不应该等到退休后才去做，应该将这些梦想贯穿一生。但多数人都做不到，我们大多工作压身，没什么假期，经济也不宽裕，请问，有几个人可以连休几个月去学骑射？

所以，相比之下琳达的建议更简单、清晰、实用，而且适用于普通人。不论你的生活水平是和费里斯一样还是与平凡的我差不多，不论你年近30岁，还是14岁或82岁，不论现在过得好不好、工作顺不顺心，我们仍可以有梦，可以拟清单。

当然，期待清单上的事也可以和其他人共同实现。先大胆设想再着手计划，而后展开一次闺蜜之旅或与爱人的浪漫周末旅行，与朋友或伴侣共度一段欢乐时光。这些计划让相爱的人有机会分享彼此的梦想，证明他们不仅可以共苦，也可以同甘。如果不是先集思广益写下我们的期待，我和乔兰塔就不会创建我们的播客，不会携手写这本书。

最后，在我看来，我们是否能完成期待清单上的大部分事情并不重要，只完成了其中几件也没关系。真正重要的是我们能沉浸在梦想中，时刻留意我们梦想中的新事物，更能以此提醒自己不管我们过去做了什么、没做什么，未来都有很多值得期待之事。

接受药物治疗 | 乔兰塔

你可曾做过这样的梦？想给某个人打电话，但无论你怎么集中注意力，拨出去的号码永远是错的。即便你从未做过这样的梦，想必也能体会这份折磨。而这种头脑混乱，无论怎么努力都无法正常运转的感觉，从我记事起就一直折磨着我。

我第一次因为头脑发懵而闯祸是在幼儿园。那时刚开学不久，我和一个很合得来的同学在沙地上玩，我们一边用手指在沙地上画马蹄印，一边讨论自己想养一匹什么样的马。因为玩得过于投入，周围的世界也随之消失了一般，直到一个志愿者气喘吁吁地冲进我们的世界，面红耳赤地冲我们喊道："小姑娘，你们刚才哪儿去了？"糟了！我们不小心忘记了时间，也没有听到上课铃声，就这样一直玩到了放学！

此后，类似的事情频繁发生。三年级时，老师不准我把水杯和水彩笔放在桌面上，因为我总在"扎染"纸巾，先用水彩笔在纸巾上点出圆点，再用水滴将它晕开，我常专注到忘了还有学习这回事。

高一时，我的大脑就像装满了浆糊，很难把注意力集中在黑板上，最后只好配了副眼镜，看看有没有帮助。念大学时，我要么是在派对上和朋友通宵喝酒跳舞，要么就是开夜车写论文，没有中间状态，劳逸结合对我来说根本不可能。刚开始工作时，我每天早上出门前都要哭一场，因为我那稀里糊涂的大脑觉得办公室的工作太过单调乏味，痛苦至极。我仿佛是办公室里唯一一个被抽走了灵魂的人，我觉得自己很失败，任何人都比我强。

大约两年前，布拉德向我们的婚姻咨询师说起了他在工作时会有类似的感受。我正好可以趁此机会说出自己和布拉德一样，深受难以集中注意力之苦。听了布拉德的叙述后，咨询师判断他可能患有注意力缺陷多动症。

对此我暗暗苦笑，心想："惨了，如果布拉德患有多动症，那我多半也是。我脑子比他还乱。比起我，他才是那个注意力集中、有条理的人！"

这事激起了我的好奇心，于是我预约了一个可以刷医保的精神科医生。我们聊了一个多小时，谈论我的生活、我的痛苦，以及我和布拉德在咨询中讨论过的事。医生让我做了一些测试。看诊结束时，她证实了我的怀疑，我那稀里糊涂、不听控制的大脑的确患有多动症。

31岁这年，我开始服用治疗多动症的药物，疗效惊人。我的思维变得清晰，一切尽在掌控中，感觉自己像是服了魔法药丸的超人。

我们花了几个月时间研究哪种药物和剂量对我最有效，在此期间，我向我的精神科医生吐露了我的秘密："我现在的思维如此畅通无阻，有条有理，这样真的没问题吗？我感觉好像在作弊。"

我忐忑不安地望着窗外曼哈顿中城区的天际线，不敢直视医生的眼睛。我等着她说我恐怕吃错了药，没有人能这么头脑清晰。

但她却说："你没有作弊，只是终于能和大家公平竞争了。"

她的回答出乎我的意料，我转过头去看着她，她在微笑，但语气里却透着严肃："那些服用心脏药物来改善心脏功能的人，你觉得这是在作弊吗？"她问。

"不，当然不是。"我说。

"没错，"她说，"哮喘患者在呼吸困难时吸一口吸入器，你觉得他是在作弊吗？"

"不，那样想也太蠢了。"

"那么，我想一个人神经递质不能正常发挥作用，所以需要每天服药，同样不能称为作弊。你就是这个情况。"

噢，漂亮！她说得对！我没作弊。我只是大脑不能产生足够的多巴胺，或者多巴胺受体太少而已。我通过药物来弥补这一缺陷，使神经功能趋于正常。

这次谈话彻底颠覆了我对自身情况的看法。我不再认为依赖药物会让人变得脆弱，更不认为治疗大脑在某种程度上比治疗心脏、肝脏或是男性勃起功能障碍更忌讳。

我和克莉丝汀读过的大多数心理自助书都没有提及抗抑郁药之类的药物。而那些提到了药物治疗的书，也只是为了表明作者现在变得无比“健康”，再不需要服药了。令人惊讶的是，弗洛伦斯·威廉姆斯的《自然疗法》也是其中之一。书中有一章讲到一所户外学校“治愈”了多动症儿童，我很惊讶一本推崇森林漫步和呼吸海洋空气的书，竟然花了如此大的篇幅鄙视药物治疗。当我读到那个多动症男孩的故事时，不由自主地想到了自己。威廉姆斯将寻找对症药物的过程，描述得好像是在让孩子试毒。我并不否认吃药的副作用，也不希望尚未查清导致行为异常的深层原因前，草率地认为药物可以解决一切问题。但直到最近女性多动症和女性脑化学才被广泛研究，而我站在女性的立场，庆幸自己能确诊。近32年来，我一直弄不清自己哪儿不对劲，如今有条件购买和服用药物，让我那运转缓慢的神经递质提速，我感到无比幸运。

《自然疗法》中所提到的多动症，我花了三十多年才找到症结所在，这背后的原因让人笑不出来。虽然关于多动症被过度诊断、用药过量的讨论不绝于耳，但关于这些问题的考证仅仅来源于以白人男孩为对象的研究数据。过去，我们总认为多动症是一种“男性”疾病。一提多动症，人们最常想到的是一个捣蛋的二年级小男孩。而当医学界开始研究妇女和女孩精神健康时，他们注意到原有的诊断标准，不适用于确诊女性的多动症。

因为女孩总被教育不要给别人添麻烦，要安静矜持、体贴他人，所以当她们患有多动症时，不一定会跑来跑去或喋喋不休，而是给人迷迷糊糊、心不在焉的印象。

最重要的是，男孩进入青春期后身体开始分泌更多的睾丸激素，这有利于减轻多动症的症状。因此，多动症被认为是一种儿童疾病，“长大后就能自愈”。但讽刺的是：雌激素，这种从青春期开始流淌于女性体内的化学物质会加剧多动症的症状。因此，患有多动症又无法确诊的小女孩到了青春期会越来越难以适应在校生活，而医学上则认为她们“年纪大了”，不会得多动症了。目前，儿童必须在12岁之前表现出症状才能确诊，而我的症状则大约从14岁开始扰乱我的生活和学业。

患病的少女没有像那些更闹腾、更具破坏性的男同学一样得到帮助、培养、诊断或药物治疗。相反，在整个童年时期，她们都未得到诊治，只是被贴上了“差生”的标签。除了女性，那些阴阳人、非二元性别者、中性人、变性者等，尚有大量人群没有得到医学研究与医学重视，在这种情况下忽视药物治疗的作用，我认为不合适。在人人都能得到平等、理解和将心比心的对待之前，一个心理自助书作者哪儿来的自信胆大包天地宣称，服用抗抑郁药和兴奋剂等药品会给大脑带来副作用？

待到科学进步，开始研究白人男性之外的大脑时，我会更乐意读一读各位民间专家们的观点。但在那之前，我是否停药，只遵从精神科医生的医嘱，因为她了解我和我的病史。

目前，医学界将我这种成年才确诊多动症的女性患者，称为多动症范畴下的“迷惘的一代”。我们的潜力被压制了，我们的神经问题被当作后天养成的坏习惯。我们之所以迷惘，是因为我们身边的医疗和教育体系宁愿简单地认为女孩就是蠢、就是不如人，也不肯探究我们表现不佳的真正原因。而不知何故，他们在小男孩的脑袋里，看到什么都觉得有价值。如果这些男孩学习困难，那么肯定存在某些医学上的问题致使他们缺乏学习动力。因为我们素来默认男孩全是优秀的、卓越的天才，对吧？抱歉，我受不了这套恶心的说法。

医生的诊断让我从迷惘走到了清醒。我这才发现能够在每个工作日有针对性地开展工作，不必苦于难以开始工作或者刚工作几分钟就坚持不下去了，这种感觉简直太棒了。我以前从不知道人可以只关注他想要关注的东西！所以，我无法接受有本书说我只需在树上多坐一会儿，多动症的问题就会迎刃而解。事实上，服用治疗多动症的药物，让我比以前更能欣赏大自然了。服药后，我走在街上能清楚地观察到周围的细节，树叶更绿了，鲜花更艳了，大黄蜂毛茸茸的更可爱了。因此，我坚决认为一本崇尚亲近自然的书反对服药治疗多动症，是个巨大的败笔。

我认为，凡是那些因为你控制不了的东西（比如脑化学）而羞辱你的书，都不可能有多大“帮助”。在我看来，这不是真正的自我提升。提升是从那些有建设性意见的书中吸取营养，不是笼统地妄论服药这种因人而异的事情。

所以，我不会烦恼是否需要停用治疗多动症的药物，我会按我的方式生活，自豪于我能对自己的身体负责，因为我关心身体的方方面面，不论是大脑还是其他地方。我由衷地建议你也如此，这比认为接受治疗是在作弊更管用，也更有意思。

寻求专业的心理医生帮助 | 乔兰塔

我一生中遇到的最了不起的一群人，就是我花钱请来和我聊天的人。没错，我指的就是心理咨询师、精神科医生和其他心理保健专家！

虽然这听上去有些滑稽，但我真不是在开玩笑。世上所有心理自助书都不可能像心理治疗那样帮我实现个人成长，弄清过去是如何影响现在的。无论心理自助书里的建议有多实用，如果没有一个训练有素的专业人士协助我量身定制可行之道，那些建议对我便毫无用处。

我可以坦白地告诉你，我现在正处于痛苦之中，如果不是为了接受心理治疗，我今天都不会起床，更别提写这本书了。一年多以前，我的父母离了婚，因为我爸背着我妈偷偷向一家创业失败的公司投资了数百万美元。实际上，这些钱是他从我妈那里偷来的，他背着她将他们辛辛苦苦挣来的积蓄，半数送给了陌生人。

他们离婚几个月后，我就失去了我爸的音信。我很失望，因为他曾说过想每周日和我通通电话。但到了周末，他却信讯全无。我怀疑他在和别人约会不想让我知道。

我知道成年人出去约会很正常，我也同意他开始新的感情。我甚至早就跟他说过，他想做什么都可以，只希望他能坦诚地告诉我，我想要的就是这种坦诚。但他却说一套做一套，这导致我已经不大信任他了。每次联系上他，我都会反复询问他是否在和别人交往。但他总是逃避问题，不肯透露一个字。

事实是，我妈搬走的几周后，他就开始认真地和一个女人交往，对方带着一个十几岁的女儿。而等我发现时，他们已经在一起半年了。他连电话都舍不得给我打，却偷偷把时间和仅剩的一点积蓄花在另一对母女身上，他们一起出门旅行，居家做饭，度过节假日。

对此我伤心极了，我本是独生女，生活在一个亲密无间的三口之家，甚至有朋友曾开玩笑说我和家人之间过于亲密，缺乏界限感。所以，除了我那小小的三角港湾崩塌瓦解了之外，我还被一对陌生母女夺走了父亲。

这种被遗弃的感觉和背叛感极其强烈，我现在已经不想再理他了，只想把他从我的生活中彻底除名。为什么我要说起这些呢？部分是因为我仍旧怒不可遏，满脑子都是这件事。但我更想说明的是，生活中的糟心事因人而异，虽然我的烦恼很常见，许多父亲都显得自私自利。但并不会有哪本心理自助书能具有针对性地解决我的问题，书店里并没有一本书叫做《抱歉姑娘，你爸投资失败，还悄悄找人替代了你和你妈》!

好在我可以去看心理医生，消泯我的愤怒、痛苦和旧伤。心理咨询师确实是最理想的选择，他们是处理家庭矛盾的专家。任何一本心理自助书都无法取代和一个专业人士对话，他们的毕生所学就是为了帮你获得驾驭生活的能力。我之所以能在这里坦率地承认我的愤怒与失望，多亏了那位在纽约西村办公的了不起的女性。她（好心地）让我刷医保，这样我只需支付一点挂号费，就可以坐在她的沙发上开始循序渐进地进行心理疏导。

但我和克莉丝汀尝试过的大多数心理自助书，都把心理咨询当作一个注脚放在结尾，提醒大家，本书不承诺包治百病，情况极端严重者万不得已可寻求心理治疗。这样谨小慎微的态度不值得提倡。为什么要把与一个真正的生活应对专家交流作为最后的手段呢？求助是明智之举，不是逃避。

虽然不知道日后和我爸的关系能否改善，但至少现在我可以睡个好觉，因为我知道我身后有一个超级聪明的女人在专门帮我理清所有问题并解决麻烦。

亲爱的克莉丝汀与乔兰塔：

我从小接受的教育认为，只有两种人会去看心理医生：(1)精神异常的人，他们头脑不正常，需要住院治疗；(2)矫情、自怜自艾的人，他们无病呻吟，活在自己的世界里，不肯主动掌控生活。理智告诉我这么想是错的，我猜心理治疗应该也能帮到我。但这份理智似乎难以战胜从小根植于我心中的偏见。

——NT

亲爱的NT：

从某种程度上看，你自幼接受的观点也并非全错。一些精神异常的人确实会去看心理医生，矫情、自怜自艾的人也会去。但除了他们，失业的人、分手的人也会去看心理医生。那些失眠的人、有自残或自杀倾向的人、无法活在当下的人，以及想要解释成长过程中发生的一些怪事的人都会去。

另一方面，一些真正精神异常的人却讳疾忌医，一些神经兮兮、自怜自艾的人也拒绝治疗。心理治疗不是一场只有两种人的游戏，要么是没接受过治疗忙于日常生活的普通人，要么就是那些躺在沙发上因为接受治疗而被看不起的人。

但NT，我相信这些你都心知肚明。你也说了，理智上，你知道从小被灌输的那种观念是错的。

所以，我建议你换个角度看问题，与其把心理咨询师看作你根本不需要的特殊职业，不如把他们看作你医疗资源中的另一种专科医生。就像负责你口腔健康的牙医，照顾你皮肤的皮肤医生。

有些医生可能因为你患有慢性病所以经常见面，有些则只是突发状况时见过一面，还有些半年或一年才帮你体检一下。心理咨询师也一样。你可能几周或几个月去咨询一次，也可能只在遇上麻烦时才去。但不管怎样，接受治疗后，你都会好受一些。

最后，心理治疗并非适用于所有人。即便我和乔兰塔很受用，不代表我们认为其他人也该去看心理医生。但如果你的顾虑仅是怕被人说三道四的话，我们向你保证：去看心理医生和去治疗过敏一样，不会被人看不起。相反，这还可能是你接受过的最有效的治疗之一。

——克莉丝汀

HOW TO BE Fine

结语

乔兰塔与克莉丝汀

乔兰塔：迄今为止，我们一共测评了50本自助书，大家想知道我们最大的收获是什么？我们掌握了生活的意义或幸福的秘诀了吗？这些书究竟教会了我们什么？

克莉丝汀：长话短说，没学到什么。

乔兰塔：我看未必吧。

克莉丝汀：我不是说自己缺乏学习能力，我的意思是，在与你一起展开这次冒险之前，我已经知道不要不加选择地听信那些自诩专家之人，我很明白生活不止一个意义，它有无数种意义。而且我已经知道了如何提高效率，如何感受爱，如何与他人沟通，如何激发创造力，如何获得内心的宁静，这些问题没有统一答案。

乔兰塔：最懂你的人就是你自己。

克莉丝汀：没错！那些从未见过你，从未与你聊过天，对你的过去、病史和生活一无所知的人，怎么可能比你更清楚该如何变得更好？

乔兰塔：他们显然做不到。但我完全理解那种不由自主地想要信赖这些作者的感觉。

克莉丝汀：等等。实际上，这就是我在这场实验中学到的重要一课：我变得更有同理心了。

乔兰塔：你一直很善解人意。

克莉丝汀：是，也不是。对你、对我爱的人还有一般大众，我很有同理心，但在主持《循规蹈矩》之前，我真不怎么同情那些痴迷于心理自助书的人。说实话，我以前觉得他们特好骗，搞不懂他们怎么这么容易相信流行的减肥方法、虚假的承诺和"改变你生活的唯一方法"这样的营销噱头。但你改变了我的想法，我们的听众改变了我的想法。

乔兰塔：我们的听众是最棒的。各位听众，如果你正在读这本书，请记得我们爱你们。我们喜欢你们每周寄来上百封信，叙说你们的生活、你们的不安、你们所面临的问题，以及为什么你们有时会在心理自助书中寻找答案。此外，我们还很喜欢你们发来的一些偏方和宠物穿搭的照片。

克莉丝汀：是的，谢谢你们。你们不仅让我结识了众多心理自助书的读者，还让我理解了为什么人们会向这些书求助。理智地来看，我觉得是因为主流医疗系统没有为心理健康投入大量资源，我们的社会经济体制并没有善待那些需要自我关怀、自我理解的人，很多人无法请带薪假去处理生活与精神上的问题，更别说看心理医生和睡个好觉了。所以，需要帮助的人便求助于心理自助书，这也在情理之中。

但我真正学到的不是这种理性的东西，而是明白了在我们迷惘时，任何一种方向都像是一条出路，哪怕指路人只举了一个指向地面的箭头。

乔兰塔：对，最重要的是，大多数人都会感到迷惘。像我这样的人，更是经常茫然无措。我们当前的文化，尤其是美国文化，不太容得下这类适应不良的人。自信、外向、做什么都擅长，我们误将这些特质与成功画等号，常常忘了即便是最自信的人也并非生来如此或者一向如此。而且流露出消极的一面或者寻求帮助，都被我们视为软弱的表现，事实上这正是积极改变的第一步。拒绝承认就永远不可能改变。嘿，要不是我承认自己过得不开心，又怎会想到和我了不起的好友克莉丝汀一起录制《循规蹈矩》呢！

克莉丝汀：谢谢夸奖。我希望这个世界能多鼓励我们说，“过得不好也没关系，很正常，不如试试求助吧”。总之，我不再认为所有沉迷于心理自助的人都是傻子。

乔兰塔：奇怪的是，在这个过程中，我倒对那些心理自助书的作者越来越好奇了。说实话，我有点同意你对他们的质疑了。

克莉丝汀：怎么说？

乔兰塔：说真的，其中许多人都是彻头彻尾的骗子。我指的不仅仅是那些随便混了个文凭的人，还有那些与其说是自我提升大师，不如说是善于利用当下流行文化的营销天才。上一秒他还是个恋爱专家，下一秒就成了精神导师。就连那些最真心实意的心理自助书也有夸大其词之嫌，或是提供些强迫症般的自我安慰方法。

克莉丝汀：很多作者似乎都犯了最后一个毛病。他们发现专注于某些事情可以防止精神崩溃，譬如强迫自己完成一次大扫除、在太阳升起之前完成一系列重复的任务或者每天冥想两小时。但他们凭什么说自己的这套自我安慰方法是万能的呢？他们有什么理由认为这些适合所有读者？

乔兰塔：说到读者，事实上，心理自助书的读者三分之二是女性，但三分之二的作者是男性，最起码好读网（Goodreads）的心理自助书统计数据就是如此。而据我们自己调查，大多数自助书的作者都是白人，其中很大一部分人有钱且充满偏见，他们根本不了解女性、穷人和有色人种。但他们却说，“如果我能做到，那你也可以”。

克莉丝汀：没错，典型的站着说话不腰疼。你生下来就在三垒，我却连双棒球鞋都没有。

乔兰塔：正是如此。这些自诩专家的人还假设读者都渴望向他们看齐——他们中的许多人鼓吹肤浅的价值观，崇拜消费主义定义的成功。

克莉丝汀：所有这些都不能帮助像我这样的普通人过上幸福生活。

乔兰塔：是的，我认为如果一本书告诉你，你应该像作者一样生活，你最好对此保持警惕。这类作者把自己树立成了偶像，而不是引路人。

克莉丝汀：我同意。此外，还要小心那些让你自我贬低的书。如果你读的书让你觉得自己很失败，让你为生活中的不顺自责，那也不必再看了。

乔兰塔：按照这些书生活，最出人意料的是让我发现了很多不喜欢的建议。事实证明，弄清自己讨厌什么，尝试一些让你不舒服的新事物，有助于加深自我了解。我讨厌别人要我原谅一切，我讨厌男人劝我别对号入座，我讨厌只因社会认为早起更有动力我就要早起，这些都是我对自己的新认识。我越清楚自己讨厌什么，就越明白什么真正适合我，明白哪些建议我真的愿意付诸实践、改善生活。

克莉丝汀：说得真好。即使书中的建议没有奏效，你仍然可以借此了解自己，只不过与作者希望你学到的东西恰恰相反罢了。我认为所有的自助都围绕着善良。真正激励我的建议都旨在传播善心和善举，对待自己、对待所爱的人、对待社会大众乃至整个地球皆是如此。

乔兰塔：所以归根结底，我认为做你自己，并乐于发现新的自己就好。但别忘了相信你的直觉，什么对你有用只有你最清楚。如果你读过的心理自助书不起作用，不要因为它们被印成了铅字或是对某些人有效就让你感到恐慌。你并非无可救药，可能只是这些建议很烂罢了。

克莉丝汀：也不要追求完美，别相信那些宣称能让你永远快乐的秘方，生活远比一种情绪复杂有趣得多。

乔兰塔：我们相信你没问题。

克莉丝汀：你也是。

HOW TO BE Fine

致谢

乔兰塔的致谢

首先，我要感谢克莉丝汀·迈因策尔。谁能想到起初在工作中争论电影而结下的友谊，最终会走得这么远。谢谢你始终如一，谢谢你愿意和我一起讲故事。

其次，我需要感谢我们的经纪人莉兹·帕克（Liz Parker），是你让我们从默默无闻中脱颖而出，感谢你对我们的信任，感谢你与Verve公司的其他人一起为我们披荆斩棘。

凯西·琼斯（Cassie Jones），对于一个对写书一窍不通的人来说，你是我所能想到的最好的编辑。感谢莫罗出版社（William Morrow）的每一个人，感谢你们给了《循规蹈矩》一个出版机会。

衷心感谢《循规蹈矩》创设迄今的每一位工作人员。卡梅隆·德鲁兹、米娅·洛贝尔（Mia Lobel）、劳拉·迈尔（Laura Mayer），因为你们，我们才开了一个绝无仅有的好头。诺拉·里奇（Nora Ritchie）、凯西·霍尔福德（Casey Holford）、克莉丝·班农（Chris Bannon）以及其他Stitcher公司的成员，你们不是亲人胜似亲人。林德赛·克拉托赫维尔（Lindsey Kratochwill），谢谢你在我们写这本书时，帮我们主持了《我们爱你，你也可以》这个节目。还有克莉丝汀的丈夫迪恩·麦克罗比（Dean McRobie），谢谢你支持我和克莉丝汀，谢谢你非常慷慨地允许我们记录这个项目如何扰乱了你的生活。

感谢我的良师益友彼得·诺瓦克（Peter Novak）、肯·宋金（Ken Sonkin）、阿尔瓦·古尼亚（Arwa Gunja）、艾伦·弗兰克曼（Ellen Frankman）、杰伊·考伊特（Jay Cowit）、凯文·艾莉森（Kevin Allison）和查尔斯·塔特希尔（Charles Tuthill）。你们每个人都抽出时间来看望我、相信我、提点我，督促我竭尽全力做到最好。为此，我永远心存感激。此外，还要特别感谢一下卡洛琳（Caroline）和蕾切尔（Rachelle）。

谢谢我的各位朋友，尤其是在节目制作阶段或者我状态不佳时包容我的朋友：伊丽莎白·麦克米伦（Elspeth Macmillan）、娜塔莉·菲施（Natalie Fish）、萨莎·博罗多夫斯基（Sasha

Borodovsky）、彼得·比恩（Peter Bean）、亚历克斯·哈里斯（Alex Harris）、梅丽莎·卡拉汉（Melissa Callahan）、克洛伊·迪克森（Chloe Dixon）、艾丽卡·史密斯（Erica Smith）、珍娜·艾米格（Janna Emig）、克洛伊·休斯（Chloe Hughes）、本·拉瑟（Ben Lasser）、马蒂·埃滕海姆（Mattie Ettenheim）、考特尼·伯恩-米切尔（Courtney Byrne-Mitchell）、扎克（Zac）和维姬·托普基斯（Vicki Topkis）夫妇、阿米特·埃尔赫南（Amit Elhanan）、苏菲·马克斯（Sophie Marks）、凯蒂·麦克什尼（Katie McNish）、克莉丝·帕帕斯（Chris Pappas）、米歇尔·奥努弗拉克（Michelle Onufrak）。谢谢你们给我灵感，为我的笑话捧场，并接纳我所热爱的一切。

此外，还要感谢我的家人，叔叔婶婶、爷爷奶奶，谢谢你们对我的信任，一直陪在我身边，尤其是最近这段日子。谢谢我的母亲苏珊娜·格林伯格（Suzanne Greenberg），从我们相识的那一刻起，你就是我最忠实的粉丝。你是我的阳光，因为你，我才能那么幽默。布拉德·米尔克（Brad Mielke），谢谢你相信我的能力，哪怕有时我自己都不相信。如果没有你的爱情与热情，我可能都不会创设这个节目。小弗兰克，你是世上最好的狗狗，居家办公最好的伙伴。

我最要感谢的是《循规蹈矩》的听众，这本书是为你们而写。

谢谢你们倾听我们的故事，并分享你们自己的故事。但愿这本书能让你们为之自豪。

克莉丝汀的致谢

没有乔兰塔·格林伯格，就没有这本书。乔兰塔，谢谢你几年前邀请我与你共同主持一档解析心理自助书的怪节目，谢谢你在我犹豫是否加入时的耐心等待，也谢谢你在节目开播后的出色表现。你和这个节目让我的生活变得更好。

感谢我们勇敢的经纪人莉兹·帕克，每天为我们奔波。自从在《循规蹈矩》第一季认识我们后，她就一直信任着我们。莉兹，感谢你把我们出书的梦想变成了现实。

感谢我们聪慧而耐心的编辑，莫罗出版社的凯西·琼斯。她总是充满热情，拥有几近疯狂的组织能力，帮助我们出色地完成了工作。我们也感谢编辑团队中辛勤工作的每一个人，从为我们设计封面的天才到帮我们吸引更多读者关注的宣传团队。

非常感谢所有为节目辛苦付出的工作人员。我们的创始制作人卡梅隆·德鲁兹，他以敏锐的洞察力和故事直觉为我们每个人设立了很高的标准。诺拉·里奇，她勇敢地接过了下一棒，把我们推到了新的高度。凯西·霍尔福德让我们的声音，在节目中听起来仿如天使。还有全能巨星林德赛·克拉托赫维尔，《我们爱你，你也可以》的创始制作人兼编剧。此外，还要感谢Panoply和Stitcher公司的每一个人，他们信任我们，为我们的播客提供支持：劳拉·迈尔、米娅·洛贝尔、克莉丝·班农等等。

当然，还要感谢我的亲友。他们支持我们的梦想，帮我们度过难关，甚至允许我们把和他们之间最糟糕的谈话记录下来。首先，要感谢我的丈夫迪恩，他总是给我最明智的建议。迪恩，谢谢你一直站在我这边，从不评判我。你的支持、爱，还有以身作则，这些让我每天都比昨天更好。其次，需要感谢的是乔兰塔的丈夫布拉德。布拉德，你为《循规蹈矩》和乔兰塔带来的欢乐和善意。谢谢你无与伦比的耐心和幽默感，在我看来，你和迪恩都是“全美国最招人爱的丈夫”。

永远感谢我亲爱的外婆和母亲。不论我做什么，都希望能成为你们的骄傲。

最后，同样重要的是要感谢每一位协助《循规蹈矩》取得成功的听众。你们的故事、你们的问题、你们的批评，都让我们感激不尽。感谢你们聆听我们的故事，也感谢你们分享自己的故事。